A CIÊNCIA DO CAMPO SUTIL

Editora Appris Ltda.
1.ª Edição - Copyright© 2023 dos autores
Direitos de Edição Reservados à Editora Appris Ltda.

Nenhuma parte desta obra poderá ser utilizada indevidamente, sem estar de acordo com a Lei n° 9.610/98. Se incorreções forem encontradas, serão de exclusiva responsabilidade de seus organizadores. Foi realizado o Depósito Legal na Fundação Biblioteca Nacional, de acordo com as Leis n°s 10.994, de 14/12/2004, e 12.192, de 14/01/2010.

Catalogação na Fonte
Elaborado por: Josefina A. S. Guedes
Bibliotecária CRB 9/870

J36c
2023
	Jaques Neto, Eduardo Francisco
	    A ciência do campo sutil / Eduardo Francisco Jaques Neto. – 1. ed. – Curitiba : Appris, 2023.
	    183 p. ; 23 cm.
	
	    Inclui referências.
	    ISBN 978-65-250-4310-4
	
	    1. Espiritualidade. 2. Percepção extrassensorial. 3. Autorrealização. I. Título.
	
	    CDD – 133.8

Livro de acordo com a normalização técnica da ABNT

Appris editora

Editora e Livraria Appris Ltda.
Av. Manoel Ribas, 2265 – Mercês
Curitiba/PR – CEP: 80810-002
Tel. (41) 3156 - 4731
www.editoraappris.com.br

Printed in Brazil
Impresso no Brasil

Eduardo Jaques

A CIÊNCIA DO CAMPO SUTIL

FICHA TÉCNICA

EDITORIAL	Augusto V. de A. Coelho
	Sara C. de Andrade Coelho
COMITÊ EDITORIAL	Marli Caetano
	Andréa Barbosa Gouveia - UFPR
	Edmeire C. Pereira - UFPR
	Iraneide da Silva - UFC
	Jacques de Lima Ferreira - UP
SUPERVISOR DA PRODUÇÃO	Renata Cristina Lopes Miccelli
REVISÃO	Ana Lúcia Wehr
	Isabela do Vale Poncio
PRODUÇÃO EDITORIAL	Nicolas da Silva Alves
DIAGRAMAÇÃO	Bruno Ferreira Nascimento
CAPA	Julie Lopes

A todos os meus mestres nesta e noutras dimensões da existência.

PREFÁCIO

Sinto-me honrada pelo convite para fazer este prefácio. Geralmente os autores escolhem outros autores famosos para isso, mas aqui encontramos a primeira grande questão: essa escolha diz muito sobre o autor desta obra.

Meu nome é Natália Mahaila e sou das artes, mas não das artes escritas. Sou da dança e de toda a energia que vibra nela.

Acompanhei o Eduardo durante toda a escrita deste livro, pois sou companheira dele desde 2017. Por isso disse que estar aqui escrevendo este prefácio diz muito mais sobre o autor do que qualquer outra coisa.

A visão de vida e de escritor dele é sempre cirúrgica. Eduardo é extremamente dedicado em tudo que faz e valoriza as pessoas próximas, busca o sentido em suas ações e em suas escritas.

Quando o conheci, ele já havia tido algumas experiências energéticas. Procurei me informar, ler, entender o que era essa "sensibilidade". Achei alguns materiais, porém com muitas lacunas, o que me deixava mais intrigada.

Sentia quando alguém de alguma forma "drenava" minha energia, mas sem entender muito bem como evitar isso. Por muitos anos, evitei muitas pessoas com medo de me sentir novamente exausta após ter contato com elas. Achava que havia um mal imensurável nelas que me afetava. Geralmente, eram amigos próximos, pessoas com as quais eu tinha muita ligação e havia certo vínculo.

O que era mais desafiador, e de certa maneira triste, era ter que me afastar porque estar perto dessas pessoas era bom, ao mesmo tempo que fazia eu me sentir péssima depois. Porém, após muito pesquisar, entendi que algumas pessoas apenas "precisam" da energia disponível e que, muitas vezes, esse processo é involuntário; como alguém que tem sede e bebe água, mas não é mau por isso.

O conhecimento sobre campo energético vem se propagando na velocidade em que as pessoas começam a se questionar, entendendo a existência e interferência dessa energia em tudo que nos acomete. Quando comecei a sentir a interferência disso tudo na minha vida, eu passei a buscar respostas. A saúde, por exemplo, é algo integral. Por que, então, tantas vezes escutamos as pessoas falando sobre isso, mas ignorando o campo que estamos abordando aqui?

A Ciência do Campo Sutil traz o conhecimento sobre o nosso campo de energia e a manifestação dela em nossa vivência cotidiana. Quando falamos em "ciência", estamos trazendo aqui o significado do conhecimento: o que é o "campo sutil"? Onde atua? Como o sentimos? Abordando detalhadamente tudo que nos envolve, exemplificando e unindo o conhecimento à prática, Eduardo preencheu muitas lacunas que assombravam o assunto. Escreveu sobre o tema com maestria, como tudo que faz.

O que você verá em seguida trata-se de um livro denso, por sua profundidade e abordagem, revigorando a importância desse conhecimento para a nossa existência, agregando em múltiplas facetas da vida. Considero-a uma obra completa, com conteúdo didático e científico, que nos faz refletir e questionar, eliminando a zona de conforto do saber. Asseguro que a leitura certamente representará uma contribuição significativa para quem busca conhecimento, aprimoramento e conteúdo no cenário do campo sutil de energia.

É com orgulho e grata satisfação que recomendo a presente obra a todas e todos. Boa leitura!

NATÁLIA MAHAILA
Professora de Dança. Analista e Terapeuta Corporal.
Fisioterapeuta pela Universidade Federal de Santa Catarina (UFSC).
Pós-graduada em Gestão Estratégica de Negócios pela Universidade de Caxias do Sul (UCS).

Conhece-te a ti mesmo e conhecerás os deuses e o universo.
(Aforismo que ornava a entrada do Templo de Apolo, situado no centro da Grécia)

SUMÁRIO

INTRODUÇÃO 13

PARTE 1
ENERGIA X MATÉRIA

O que é energia? 16
Breve história da mecânica quântica 18
Implicações e desdobramentos filosóficos da ciência quântica 24
Introdução à consciência quântica 31
O cérebro, as ondas mentais e a consciência quântica 36
Os reinos da natureza e os níveis de consciência 48
Experiências *psi* e a consciência transcendente 56
Habilidades mentais na hiperconsciência 61

PARTE 2
O CAMPO SUTIL DA VIDA

Definição de aura 82
A configuração geral do campo de energia humano 84
Tamanho e cores da aura 86
A aura prata e o nosso DNA 90
Aura interna e aura externa 91
Camadas da aura 94
Movimento e direção do fluxo de energia na aura 98
Trocas de energia entre campos vibracionais 103
Os vórtices e canais vibracionais do campo luminoso sutil 110
As toxinas, os bloqueios energéticos, a vida, a morte e a aura 127
Kundaliní – a fonte do máximo poder 133

PARTE 3
TÉCNICAS DE AUTODESENVOLVIMENTO VIBRACIONAL

Técnicas para ver o campo sutil 138
Ativação do *chakra* frontal 140
Expansão de todas as camadas da aura 141
Harmonização e proteção dos *chakras* 142
Desbloqueio de meridianos 143
A técnica da luz dourada 144
Mentalização para remover energias assediadoras 146
Roupas específicas para proteção do campo sutil 148
Técnica bioenergética do desapego 149
Trabalhando com felinos, os mestres da energia 151
Centralização das energias no *chakra* frontal 157
Técnica de projeção de energia para si mesmo 160
Técnica geral de projeção de energia para outros 162
Técnica de energização da água 163
Criando coerência no cérebro cardíaco 165
Técnicas para desenvolver a intuição 166
Técnica de trabalho com o inconsciente 168
Técnica de trabalho com os sonhos 170
Programação mental para atingir metas 173

CONSIDERAÇÕES FINAIS 179

REFERÊNCIAS 181

INTRODUÇÃO

Ciência não significa apenas uma forma ou um método de pesquisar e entender os fenômenos e acontecimentos da nossa realidade. Ela também se refere à ideia de entender de forma profunda e atenta sobre algo.

Grandes estudiosos de várias áreas, tanto na Modernidade quanto na Antiguidade, debruçaram-se sobre o tema do campo universal de energia que parece ser a rede que sustenta toda a existência. Em *A Ciência do Campo Sutil*, não tenho a pretensão de esgotar o assunto, sobre o qual muito já foi falado e há muito ainda a se descobrir e esclarecer. De toda forma, anos de estudos e experimentações práticas agregaram-me um denso conhecimento, parecendo não ser mais possível ou aconselhável fluí-lo apenas no meu círculo íntimo, nos atendimentos individuais que ofereço em consultório ou nos cursos de formação das técnicas de terapia integrativa dos quais sou facilitador.

O desejo de escrever este livro deixou de ser uma tímida pretensão e passou a ser um projeto no ano de 2016. Na ocasião, ao lançar meu primeiro livro no gênero poesia, o *Sublimação* (Mottironi Editore, 2016), muitas pessoas me cobraram sobre alguma publicação com tema da minha área profissional, de alguma forma relacionada à Psicologia, às Terapias Integrativas, aos estados ampliados e anômalos de consciência, bioenergética, espiritualidade etc. Muitos nem sequer sabiam que eu escrevo poemas.

Sendo a arte uma expressão genuinamente humana e uma condição essencial para que sejamos considerados humanos, discordo da ideia de que a poesia ou qualquer outra estaria dissociada dos temas que parte do meu público queria. Em muitas oportunidades, já pude debater a função da expressão artística e da criatividade na saúde integral e na qualidade de vida. Todavia, é claro, poemas se diferem de um texto técnico, tanto na forma quanto no conteúdo, e possuem objetivos totalmente diferentes.

Por ocasião, em primeiro lugar, das minhas dúvidas acerca da delimitação mais exata do tema que escolheria para este livro e, em segundo, pelas minhas limitações pessoais de saber, que foram minimizadas com muito estudo extra ao longo dos últimos anos, acabei lançando duas outras obras primeiro, também de poesia, concomitante à progressiva e cuidadosa escrita da que você agora tem em mãos. A saber, seus títulos são *Bússola do Amanhã* (Gráfica e Editora TC, 2019) e *Palavras Confinadas* (Mottironi Editore, 2021). Fica o convite para a leitura deles também.

Assim sendo, com muita satisfação, entrego a você, querido leitor e querida leitora, esta obra literária gestada com todo o amor que só mesmo um pai pode ter por um filho. A maior alegria nesse processo, sem dúvida nenhuma, é poder contribuir diretamente com a expansão de percepção de um número maior de pessoas, todas aquelas que estiverem com as mentes abertas para receber.

Na primeira parte desta obra, falarei sobre os conceitos científicos e as construções de grandes pensadores que buscaram e buscam o entendimento sobre a natureza e suas manifestações, contribuindo centralmente para a modificação da concepção sobre quem e o que somos nós. Para tanto, falaremos desde a intimidade dos átomos até as complexas manifestações das funções mentais conhecidas como consciência e percepção.

Na segunda parte, abordarei os conhecimentos acerca do campo sutil da vida, com ênfase no campo luminoso que envolve e interpenetra o modelo humano. Tais conhecimentos foram sistematizados ao longo de milênios pelos sábios de várias culturas e povos diferentes, caminhando cada vez mais ao encontro de explicações viabilizadas e enriquecidas pela jovem ciência ortodoxa.

Na terceira e última parte do livro, trago algumas técnicas para trabalharmos de forma consciente com os fluxos bioenergéticos que percorrem o nosso sistema. Assim, poderemos desenvolver nossa personalidade rumo à transcendência e aprenderemos a criar as realidades que quisermos dentro do nosso universo particular.

Boa leitura!

EDUARDO JAQUES
19 de fevereiro de 2022
Torres, Rio Grande do Sul, Brasil

PARTE 1
ENERGIA X MATÉRIA

Você já ouviu falar que energia e matéria são dois lados da mesma moeda? Na primeira parte de *A Ciência do Campo Sutil*, eu trarei a você o pensamento de grandes cientistas, aplicados em diversas áreas do conhecimento, que trouxeram no passado e no presente ensinamentos que podem mudar a nossa vida.

O QUE É ENERGIA?

Para introduzirmos os estudos sobre o campo sutil, é fundamental que tentemos definir o conceito de energia. Por ser fundamental para múltiplas áreas do conhecimento, conceituar definitivamente segue sendo uma tentativa, pois atravessar várias áreas significa receber pontos de vistas ora complementares, ora antagônicos. De toda forma, séculos de construção do saber já podem apontar-nos algumas ideias.

Do grego *enérgeia*, inicialmente energia apareceu equivalente a movimento e à força, definida feito qualquer força ou capacidade para produzir determinado trabalho ou efeito. Assim sendo, sempre que se fala em energia, podemos pensar numa força matricial que põe tudo em movimento. E são exemplos desse movimento desde o caminhar de todos os corpos celestes pelo espaço sideral até a movimentação que acontece dentro de todos os organismos, seja no planeta Terra, seja em outros. Tudo na simetria do universo envolve ações precedidas de um potencial de energia, de diferentes qualidades e quantidades.

Com o tempo, os pesquisadores perceberam que energia transcendia o conceito de força. Por exemplo, já no século XIX, com a descoberta da Primeira Lei da Termodinâmica por Julius Robert von Mayer (1814 – 1878), médico e físico alemão, e por James Prescott Joule (1818 – 1889), filósofo britânico, demonstrou-se a equivalência entre o calor e a energia mecânica. Passando o calor ao status de energia, então não se poderia mais reduzir a energia apenas ao âmbito da mecânica.

Contemporâneo de Mayer e Joule, Hermann von Helmholtz (1821 – 1894), médico, físico e filósofo alemão, caracterizou a energia feito um elemento incriável e indestrutível, uma entidade com a propriedade de se converter em outras formas. A partir daí, outros cientistas passaram a falar sobre a energia manifestada em várias formas, como química, magnética, elétrica etc.

Sobretudo após o advento da Mecânica Quântica e da Teoria da Relatividade, a reunião entre energia e matéria, as duas principais substâncias da Física, tornou-se inexorável. Por exemplo, a famosa equação do cientista Albert Einstein (1879 – 1955), $E = mc^2$ (energia igual à massa multiplicada pela constante ao quadrado), provou aos cientistas que as duas, ainda que aparentemente distintas, não só estão interconectadas, como são interconversíveis e manifestações da mesma (e na mesma) substância universal.

Explica a equação einsteiniana que a matéria que passa pela aceleração de suas moléculas, seus átomos e suas partículas subatômicas torna-se cada vez mais puramente energia. E isso é reversível já que, ao sofrer desaceleração, a energia se condensa até o ponto de ser novamente percebida feito matéria tangível.

Os campos sutis que acompanham o universo material, dinâmica essa reconhecida então apenas recentemente pela jovem ciência ortodoxa, por muito tempo estiveram renegados ao campo do mero misticismo, da loucura ou, na melhor das hipóteses, do charlatanismo pseudocientífico. Agora, entretanto, são os próprios cientistas que vêm afirmando, em linguagem atualizada, o que sábios e mestres de vários povos, culturas e regiões já diziam há milênios sobre a natureza última da nossa realidade.

Sendo a matéria, como diz a Física atual, a densidade de um campo de energia, e energia não mais algo que a matéria tem, mas algo que a matéria é, qualquer tentativa de as distinguir qualitativamente não faz mais nenhum sentido. Já não há espaço para dualismos, mas sim para uma concepção unitiva, holística e sistêmica sobre o universo e seus elementos constituintes mais fundamentais, de onde podemos ver emergir naturalmente o conhecimento sobre a dimensão sutil de tudo que existe.

EDUARDO JAQUES

BREVE HISTÓRIA DA MECÂNICA QUÂNTICA

Há mais de um século, os experimentos e as teorias que compõem o arcabouço epistemológico da atual Mecânica Quântica vêm causando crescente alvoroço e polêmica. E não é para menos, pois, ao conhecê-los e estudá-los, ainda que superficialmente, nossa forma sólida de ver a realidade tem grandes chances de ser alterada.

Até o fim do século XVII e o início do século XVIII, Isaac Newton (1643-1727) e seus colegas defenderam a ideia de um universo constituído por objetos sólidos e impenetráveis. O paradigma da Física Clássica evoluiu bastante, com diversas contribuições de outros cientistas, e se estendeu até o século XIX, ainda descrevendo uma realidade composta por átomos iguais a tijolos fundamentais de construção. Esses foram pensados como agrupamentos de objetos totalmente sólidos, com um núcleo formado por nêutrons e prótons, de carga neutra e positiva, e com os elétrons, de carga negativa, girando em volta do núcleo com trajetória linear e previsível.

Até hoje muitas pessoas nem sequer sabem o que significa a palavra átomo – algumas, por não terem conservado o conhecimento escolar básico, aparentemente distante da vida prática, outras, por não terem passado pela escolarização formal. Se indagarmos as que têm formação e que se lembram de algum conceito físico sobre a parte mais elementar que forma tudo o que há, desde os universos até o corpo humano, a tendência de que respondam referenciadas no paradigma atômico Clássico será muito grande.

À primeira vista, parece confortável acreditar que tudo o que podemos ver e perceber na esfera macroscópica, inclusive nossos corpos, é constituído no nível microscópico por algo parecido com amontoados de pequenas bolas que giram em torno umas das outras. Como é de praxe que a zona de conforto na ciência humana dure pouco, logo começaram a ser observados fenômenos dos quais a teoria de Newton não dava conta, sobretudo a nível subatômico.

São exemplos disso a eletricidade e o eletromagnetismo, amplamente presentes no nosso cotidiano e na nossa vida. Segundo a Física Clássica, um átomo duraria menos que um segundo, em um modelo no qual o elétron estaria fadado a colidir com o núcleo. Ora, se a matéria fosse instável conforme a teoria newtoniana supunha, como o próprio corpo humano poderia durar tantos anos?

Uma das questões fundamentais para entender o curso da história da Física é o estudo da natureza da luz. Newton afirmava que a irradiação luminosa era composta por pequenas partículas. Entretanto, essa teoria foi refutada pelo britânico Thomas Young (1773 – 1829), em 1801, mediante seu experimento da dupla fenda.

No experimento de Young, um feixe luminoso era irradiado através de duas fendas separadas por uma fração de milímetro. No anteparo, o padrão de interferência mostrou-se igual ao de ondas. Desde então, tal qual o som, a luz ficou conhecida por sua propriedade ondulatória, e não corpuscular.

A Física Clássica nos mostra que um prisma decompõe a luz solar nas sete cores comumente visíveis, delineando o que se chama de espectro contínuo. Todavia, não é capaz de explicar o espectro discreto presente na irradiação luminosa de determinados elementos, feito o hidrogênio, o hélio, o mercúrio e outros. Isso quer dizer que, quando a luz desses elementos incide em um prisma, ela não se decompõe nas sete cores do arco-íris, e isso não pode ser explicado pelo paradigma newtoniano.

Em 1900, mobilizado por esse problema do espectro discreto, o alemão Max Planck (1858 – 1947) lançou as sementes pioneiras da Mecânica Quântica ao postular que a luz não é somente uma onda eletromagnética, como sugerido por Young, 100 anos antes, mas também composta de pequenos pacotes de onda aos quais chamou de *quantum*. Cada *quantum* emitido possui um nível de energia, que causa a variação de cor percebida como espectro discreto. Denomina-se *quanta* o plural de *quantum*, derivando daí o nome da Mecânica emergente.

Em 1905, Einstein publicou seu trabalho sobre a lei do efeito fotoelétrico, que, quase duas décadas mais tarde, lhe viria a conferir o Prêmio Nobel. Nesse trabalho, usou o conceito de Planck sobre os corpúsculos da luz e reforçou novamente a dualidade onda-partícula da radiação. À unidade desses corpúsculos, nomeados *quantum* por Planck, Einstein deu o também famoso nome de fóton.

Os fótons são partículas de luz com massa igual a zero. Atualmente, os físicos não têm dúvida de que eles são os intermediários em todas as interações eletromagnéticas. A eletrodinâmica quântica mostra que, a cada interação subatômica, haverá emissão e absorção de fótons, ou a transformação de fótons em outras partículas, e vice-versa.

A Teoria Especial da Relatividade de Einstein, também publicada em 1905, versa sobre a não tridimensionalidade do espaço e a inclusão do tempo na constituição da nossa dimensão. Surgia, então, a perspectiva da realidade tetradimensional, fusão do tempo e do espaço. Foi nessa teoria também que nos foi apresentada a famosa equação $E = mc^2$ (vide o capítulo anterior).

Na verdade, a ideia de que a massa e energia equivalem-se é anterior a Einstein, e ele mesmo não teve tempo de comprová-la. Todavia, foi ele quem sintetizou o que outros cientistas do final do século XIX (como J. J. Thomson, Oliver Heaviside, Wilhelm Wien, Max Abraham e Fritz Hasenöhrl) haviam teorizado até então.

A Teoria Especial da Relatividade causou bastante animosidade e levou décadas para ser aceita. Como ela agradou a Planck, este a defendeu, ajudando Einstein a conseguir melhor inserção no grupo da elite acadêmica e a passar para a posteridade.

Em 1913, o físico dinamarquês Niels Bohr (1885 – 1962) deu grande contribuição ao modelo atômico que ainda não havia integrado as propostas da Mecânica Quântica recém-nascida. Ele trouxe ao cenário do átomo o fenômeno do salto quântico, termo muito popular hoje em dia, que refere ao fato de objetos quânticos serem descontínuos.

Isso quer dizer que, ao invés de se deslocarem em trajetória linear nas órbitas subatômicas, elétrons, por exemplo, saltam de uma órbita à outra sem passar pelo espaço intermediário. Quando absorvem fótons, saltam para órbitas mais superiores. E, quando saltam para órbitas inferiores, emitem fótons, o que justifica e se encaixa com a característica descontínua do fenômeno do espectro discreto.

Estando provada a natureza dual da luz, em 1924, o físico Louis de Broglie (1892 – 1987) postulou, em sua tese de doutorado, que os elétrons também se comportariam ora feito onda, ora feito partícula – mais uma faceta da equivalência direta entre matéria e energia. Essa tese viria a ser confirmada em 1927, pelo experimento Davisson-Germer.

Frente a tudo isso, no mesmo ano, Bohr sugeriu o que chamou de princípio da complementaridade, dizendo que a dualidade onda-partícula tanto da matéria quanto da radiação não seria contraditória, mas complementar. A comunidade científica precisava aceitar que o mundo subatômico se mostra paradoxal a todo o momento e que isso faz parte do gestual da natureza.

A ideia certeira do francês De Broglie resultou-lhe o Prêmio Nobel, em 1929. A natureza ondulatória do elétron passou a ser compreendida também como característica de todas as demais partículas subatômicas. Isso também foi observado com estruturas maiores, como no experimento com as moléculas de fulereno, 70 anos mais tarde, na Áustria.

Seguindo a explosão científica da época, Erwin Schrödinger (1887–1961) deu grandes contribuições com suas equações de onda a partir da teoria de Louis de Broglie. A função de onda, como ficou conhecida sua importante equação publicada em 1926, descreve o elétron como uma onda tridimensional e torna possível calcular as probabilidades de localização dele dentro do átomo. Sim, apenas probabilidades, e com uma previsibilidade de até cerca de 90%.

Como já deve ter ficado muito mais do que claro, a essa altura, a última característica que uma partícula subatômica poderia receber seria a de linearidade. O hoje constrangedor modelo atômico da Física Clássica, que supunha minúsculas bolas de massa orbitando umas em volta das outras, havia ficado totalmente para trás. O novo paradigma quântico estava esclarecendo que, em verdade, somos feitos, no nível mais elementar, de ondas de probabilidade.

Concomitantemente a isso, Werner Heisenberg (1901–1976) deu outras grandes contribuições à Teoria Quântica, e certamente uma das mais célebres foi a publicada em 1927: a do princípio da incerteza. Este princípio participava a impossibilidade experimental em saber de determinado elétron a sua posição e o seu momento (equação de massa multiplicada pela velocidade da partícula) simultaneamente, levando em consideração as propriedades ondulatórias da matéria. Ou seja, matematicamente, não se pode descobrir onde o elétron está dentro do átomo e qual a sua velocidade. Quanto mais preciso é o acesso a um desses valores, mais o outro se torna incognoscível.

Há um limite insuperável e inerente à nossa capacidade de observação e à perturbação que causamos ao observar, que é próprio da natureza das coisas. Como se sabe, uma tentativa qualquer de medida já modifica o comportamento de um elétron.

Ainda no final da década de 1920, o inglês Paul Dirac (1902 – 1984) desenvolveu a equação que une as teorias de Schrödinger e Heisenberg, dialogando de forma consistente com a Teoria Especial da Relatividade. Por meio dos seus cálculos, foi prevista a existência da antimatéria, que viria a ser comprovada empiricamente alguns anos mais tarde. Começava a despontar aí a formalização do que se chamou de Teoria Quântica dos Campos.

A Teoria Quântica dos Campos teve contribuição de vários pesquisadores, como Pascual Jordan (1902 – 1980) e Eugene Wigner (1902 – 1995), e pretendia poder lidar com a existência variável das partículas subatômicas, bem como integrar a Mecânica Quântica à Relatividade de Einstein. A ideia consagrada foi que, assim como os fótons podem transmitir a luz e as ondas eletromagnéticas, todos os demais campos também possuem suas respectivas partículas transmissoras de força. Essas partículas, nomeadas *bósons*, são como perturbações no campo de energia implícito a elas, podendo ser classificadas na forma intermediária entre o estado de onda e partícula.

O desenvolvimento da Ciência Quântica continuou fervilhante nas décadas seguintes, como é até hoje, mergulhando cada vez mais profundamente na dimensão basal da matéria. Em 1964, o físico Murray Gell-Mann (1929 – 2019) propôs a existência dos *quarks*, partículas que comporiam os até então indivisíveis prótons e nêutrons. Quatro anos depois, sua teoria foi comprovada experimentalmente, mostrando que essas partículas elementares são, na verdade, formadas, cada uma, por um trio de *quarks* em seus interiores.

Na mesma época de 1964, o teorema de Bell, desenvolvido pelo físico irlandês John Stewart Bell (1928 – 1990), veio colocar mais uma pedra fundamental nos alicerces da Mecânica Quântica. Bell conseguiu provar que as partículas subatômicas não sofrem influência de variáveis ocultas. Ou seja, que há fenômenos quânticos que envolvem influências não locais, para além do espaço-tempo, para além da velocidade da luz.

Outra Teoria Quântica importante surgida em 1964 foi a da partícula conhecida como *bóson* de Higgs. Peter Higgs (1929 –) foi o primeiro de um grupo de físicos a sugerir a existência de um novo *bóson* e seu respectivo campo, nomeado campo de Higgs. A grande dúvida de fundo era por que de as partículas subatômicas terem tanta diferença de massa entre si. Vale lembrar que o conceito de massa é fundamental na caracterização dos corpos físicos macro e microscópicos, podendo ser definida tanto como a quantidade de matéria que compõe um corpo, quanto a resistência que determinado corpo apresenta à aceleração.

Por exemplo, como poderia um elétron ser 2 mil vezes mais leve que um próton? O que se acreditava era que o campo de Higgs, correspondente à nova partícula hipotética, fosse um campo universal que permeia tudo e que é percebido de forma singular pelas diferentes partículas, conforme maior ou menor sensibilidade à presença dele.

Uma forma didática de visualizar isso é pensar que o campo de Higgs seria percebido, por exemplo, feito uma piscina de água pelo elétron e uma piscina de mel pelo próton. Naturalmente, o próton teria maior morosidade para se mover do que o elétron, dada a maior viscosidade do mel em detrimento à água, e teria assim mais massa. O campo de Higgs teria exatamente esse efeito na sua interação com as partículas, ora lhes conferindo mais massa, ora menos ou nenhuma massa.

À custa de vários bilhões de dólares, em 2009, na Suíça, foi inaugurado o famoso Grande Colisor de Hádrons. Trata-se de um túnel subterrâneo de 27 quilômetros de comprimento, construído com a finalidade de acelerar e colidir determinadas partículas subatômicas a altos níveis de energia, possibilitando a observação posterior dos resultados das colisões.

Dois anos depois do início da operação, em 2011, pistas do *bóson* de Higgs foram detectadas no Colisor. No ano seguinte, em 2012, tais sinais foram definitivamente confirmados. Enfim, a teoria de Peter Higgs era comprovada, depois da longa expectativa iniciada em 1964. Isso rendeu para ele o Prêmio Nobel, em 2013, e para o mundo, uma das maiores e mais importantes descobertas quânticas da década.

Atualmente, mais de 60 partículas já foram descobertas, e a possibilidade de que surjam outras mais é bastante grande. Mergulhar na profundidade da matéria está trazendo grandiosos avanços para a sociedade; não só aqueles que são óbvios, feito o crescimento tecnológico, que acompanha os experimentos, e o saber físico fechado em si, mas, principalmente, aqueles que, por meio da imersão no microscópico, nos levam a refletir sobre a dimensão essencial do universo, da vida, da existência e de tudo o que estes termos podem significar.

EDUARDO JAQUES

IMPLICAÇÕES E DESDOBRAMENTOS FILOSÓFICOS DA CIÊNCIA QUÂNTICA

Para os cientistas, o paradigma da Mecânica Clássica e seus desdobramentos parece descrever bem a dimensão macrocósmica da realidade. Ou seja, consegue explicar com certa elegância como funciona o que é consideravelmente grande no universo.

No entanto, quanto mais mergulhamos nos confins da intimidade da matéria, mais percebemos que as concepções de Newton e seus seguidores não servem para o universo microcósmico. E se toda matéria, inclusive aquela que compõe grandes corpos, é constituída por átomos em instância última, logo nos damos conta de que o problema se estende, de certa maneira, para todos os níveis da realidade.

Com o surgimento da Mecânica Quântica, percebemos que a vida é ainda muito mais complexa, pois os componentes dos átomos e as moléculas possuem comportamentos totalmente anômalos para o que foi previsto pela teoria anterior. Observar a suposta natureza à nossa volta e concluir que sabemos tudo sobre ela é um grande engano. E quando não em engano, no mínimo, podemos ter a certeza de que estamos longe de ter toda a informação sobre ela.

Até hoje, a Física Clássica e a Física Quântica não puderam ser unificadas em uma teoria geral, pois o que é supostamente observado em grande escala é totalmente diferente do que é observado em pequena escala. Particularmente penso que a Quântica, que segue em fervilhante desenvolvimento, trará mais e mais mudanças e abalará mesmo as teorias newtonianas para o macrocosmo, ou as que derivam dela, que são veneradas quase que religiosamente pelos cientistas e estudantes convencionais.

Para além disso, a despeito de muitos físicos que não conseguem ver além da caligrafia fria dos seus cálculos e o quanto eles podem representar sobre os mecanismos da realidade da qual todos nós fazemos parte, os fenômenos descritos na Mecânica Quântica acabaram por lançar cientistas e pensadores de outras áreas a debates mais abstratos.

Parece absurdo para alguns que a Física Quântica nos possibilite diálogos transversais com conceitos da espiritualidade, por exemplo. No entanto, sempre quando falarmos sobre a natureza da matéria, estaremos falando sobre a natureza também do próprio ser humano. Por isso, afirmo com tranquilidade e veemência que nem aqui nem em outras obras, consagradas, os termos científicos estão sendo simplesmente capturados para justificar misticismos e esoterismos – muito pelo contrário.

Em verdade, a ciência pode ajudar-nos a selecionar, dentre os conhecimentos produzidos fora das universidades, aqueles que realmente fazem sentido ou que podem ter os seus conceitos de alguma forma testados. E aqui encontramos ressonância conceitual com o tema central deste livro: o campo de energia sutil.

O que acontece é que saber sobre a condição vibracional da humanidade é um ato revolucionário que não interessa aos donos do mundo. Você já parou para pensar como seria se as pessoas aprendessem o autodomínio bioenergético? Quer dizer, o quanto nós ainda poderíamos ser manipulados caso todos soubéssemos como moldar a nossa própria energia e influenciar a nossa realidade?

O primeiro passo para termos todos esses benefícios é o conhecimento. No tópico anterior, vimos uma pequena parte da história de inúmeras descobertas dos físicos quânticos, e por meio dele podemos ressaltar vários pontos importantes.

Penso que um dos primeiros conceitos que devemos ter em mente é a concepção mais atual do que é um átomo. Na verdade, ele é um conjunto de vórtices microscópicos de energia, que, quando observado de longe, parece um aglomerado pouco nítido. Tudo que eu e você vemos como matéria palpável em grande escala, na realidade, é uma ilusão, pois, quanto mais nos aproximamos de um átomo, mais sua imagem se torna indefinida. Chega um ponto em que ele se torna realmente invisível. Essa invisibilidade, na qual não há mais nenhuma matéria, foi chamada de vácuo quântico pela comunidade científica.

Se focarmos um microscópio potente na direção da sua testa, acharemos exatamente nenhuma matéria a nível atômico, apenas o vácuo. Igual acontecerá se direcionarmos o mesmo microscópio ao exemplar impresso deste livro que você está lendo e que tem certeza de que está segurando em suas mãos: a partir de determinada escala, descobrirá que não está segurando nada. Qualquer ideia de solidez que tenhamos não passa de uma alegoria que utilizamos para viver e funcionar na vida material macroscópica.

Como se pode supor, o conceito de vácuo quântico diverge fatalmente do conceito clássico de vazio, pois o primeiro é preenchido de partículas virtuais que aparecem e desaparecem em frações de segundos, saltando entre a existência e a inexistência. Lembrando o princípio da incerteza de Heisenberg: há um limite sobre o quanto podemos saber dos estados quânticos. Na verdade, o vácuo é preenchido de campos diversos e ondas de todas as frequências, e suas flutuações dão origem à matéria.

Matéria é um conceito físico que sempre carrega em si certa ambivalência, pois podemos classificá-la tanto feito um agrupamento de partículas sólidas, quanto feito onda de força não material. Devemos ao princípio da complementaridade de Bohr a possibilidade de conceber que a não materialidade também constitui a própria matéria.

Se os átomos tiverem suas massas e seus pesos estudados, será considerada a expressão física deles. Se eles forem analisados feito potenciais de voltagem, oscilação e extensão de onda, serão olhados feito pura energia. Poderíamos voltar aqui à famosa equação de Einstein ($E = mc^2$), que ilustra a equivalência existente entre a energia e a matéria, e aos experimentos da dupla fenda que nos mostram a dualidade onda-partícula.

A alegoria da solidez faz-nos pensar sermos somente agregados de partículas sólidas, mas isso não é verdade. Se nossos corpos são também considerados matéria, logo concluímos, pelo que a ciência diz, que somos tanto partícula quanto onda. Não nos expressamos feito uma coisa ou outra, mas ambas. Nessa linha de pensamento, faz todo sentido que, junto do estado de partícula óbvio do nosso corpo, haja também a expressão em forma de campo que não é predominantemente perceptível para os cinco sentidos, mas que pode vir a ser observada sob algumas condições específicas.

O átomo é o menor sistema conhecido capaz de identificar um elemento. Para haver vida conforme conhecemos na Biologia, são necessárias reações bioquímicas, com as ligações entre átomos formando as moléculas. Todavia, para que haja bioquímica, é necessário que haja primeiro a biofísica.

A Biofísica, como área de conhecimento, é justamente aquela que busca aplicar as teorias e os métodos da Física para que possamos, a partir de conceitos como matéria, energia, tempo e espaço, esclarecer questões dos sistemas biológicos. As reações biofísicas, portanto, originarão todos os fenômenos e etapas subsequentes, delineando uma dimensão energética por meio da qual a vida é possível. Finalmente, aqui falamos da realidade quântica, que a tudo precede. Em relação ao corpo humano, não é diferente.

Começamos, então, pelo vácuo quântico, que é puramente imaterial, com partículas virtuais em potencial e cheio de ondas de informação. Suas flutuações originam a matéria. O campo de Higgs dá a diferença de massa às partículas que vão surgindo do vácuo. Em relação ao que compõe o átomo, surgem, por exemplo, os *quarks* – que compõem os prótons e os nêutrons – e os elétrons. Até a dimensão de um único átomo, consideramos seu movimento como oscilação.

Estando definido o átomo como sendo de determinado elemento, ele poderá unir-se a outros átomos diferentes, formando moléculas. Da escala da molécula em diante, consideramos os movimentos como vibração.

As moléculas possibilitarão reações bioquímicas, gerando a célula e suas complexas organelas. Aqui chegamos à primeira unidade funcional e estrutural dos seres vivos, que carregará nosso material genético e fará trocas decisivas com o meio.

Principalmente para os animais, sobretudo os seres humanos, a energia sexual será a que passará um novo ser da existência imaterial para a material. Surgirão células inicialmente indiferenciadas, que se multiplicarão e, gradualmente, se especializarão na medida em que formarão tecidos de órgãos capacitados a determinadas tarefas. Esses órgãos se agruparão formando sistemas complexos e integrados em um corpo completo e perfeito.

Nossos corpos já podem ser considerados como pertencentes à grande escala, mais regida pelas leis da Física Clássica. Até agora já se entendeu muito sobre a mecânica dos sinais químicos, do funcionamento do sistema imune e outros, de alterações morfológicas. No entanto, a Biologia newtoniana se vê desafiada e impotente frente a fenômenos não ordinários, feito curas espontâneas e consideradas impossíveis, fenômenos psíquicos não baseados nos cinco sentidos etc.

Qual outra explicação seria possível para a eficácia, por exemplo, das terapias e práticas orientais que buscam a manipulação da energia vital do corpo, caso considerássemos, de fato, que o estado vibrante das moléculas e o estado oscilatório dos átomos e das partículas subatômicas não influenciam o nosso bem-estar? Mesmo as pesquisas favoráveis, que não reduzem a charlatanismo tudo o que foge do paradigma newtoniano, correm risco de se tornar superficiais ou incompletas, caso ignorem que a natureza da matéria obedece a uma lógica que é, antes de tudo, quântica.

Antes de sermos bioquímicos e biológicos, digo acreditando que a repetição é importante, somos constituídos por ondas de energia sutil e informação que ordenam tudo o que há de material. Os agentes patogênicos oportunistas, os metais pesados, as toxinas em excesso e os maus estados psicológicos causarão perturbações quânticas também, perturbando a homeostase a nível biofísico, pois são fatores que não só alteram a biologia, como também apresentam vibrações e estados oscilatórios próprios que são nocivos ao nosso equilíbrio.

Em relação aos estados psicológicos, podemos ter a mente como grande aliada ou inimiga do nosso equilíbrio. O olhar que lançamos sobre nossas experiências é baseado em crenças sobre como acreditamos que a vida é. Em organismos multicelulares, os especialistas em ler o meio ambiente e seus estímulos são os neurônios. São eles que passam para as demais células se estamos em um ambiente nocivo ou seguro, controlando os dois processos básicos da vida: o crescimento e a proteção.

O movimento celular básico pode ser observado conforme esses padrões, em dois movimentos distintos. Nos estados de crescimento, as células se expandem, vão em direção aos nutrientes e podem ser substituídas por outras novas. Nos estados de proteção, as células se contraem, fogem de sinais hostis e param de fazer trocas com o meio.

Como nesse nível um estado não pode sobrepor o outro, a célula contraída em estado de proteção faz parar a função de crescimento. Na psique, podemos associar isso aos estados de angústia e estresse. Um sujeito que está lutando ou fugindo não terá o seu organismo gastando energia com renovação celular naquele momento, tudo estará voltado para que ele enfrente o perigo.

A grande questão é que o estilo de vida humano na hipermodernidade causa uma série de estímulos estressantes que não são necessariamente ameaças concretas à sobrevivência, mas que também não são pontualmente resolvidos e afetam tanto o nosso cotidiano quanto a realidade planetária. Frente a isso, a mente pode acabar nem sempre fazendo uma leitura adequada das experiências, colocando-nos, por exemplo, no estado de proteção de forma crônica, mesmo quando diretamente desnecessário. Esse estado excessivo de estresse orgânico, e vibracional, certamente é terreno fértil para muitas doenças e desequilíbrios.

Na expansão, entramos em um estado sistêmico no qual a energia disponível passa a ser usada para o crescimento. A membrana celular se torna permeável para receber os nutrientes do meio. No campo psicológico, encontramos ressonância dessa configuração com o estado de prazer e gratificação.

É interessante a questão da renovação celular, pois nossos tecidos vão sendo substituídos por outros totalmente novos em determinados períodos. Em cada ciclo de 72 horas, a parede intestinal interna é substituída totalmente, e existem vários outros exemplos. Como vemos, mesmo a matéria macroscópica pode estar em brutal mudança bem debaixo dos nossos olhos, e podemos ter dificuldade de perceber esse movimento.

A vida celular, pois, parece acontecer adequadamente quando há boa fluência entre os movimentos de expansão e contração, numa sequência intermitente que não encontra dificuldades para cambiar de um estado ao outro. A vida a nível psicológico parece seguir a mesma regra, exigindo que consigamos transitar entre os estados de prazer e angústia.

Salvas as proporções, podemos lembrar aqui da proposta de Bohr acerca do princípio da complementariedade. A nível celular, possuímos dois estados opostos e complementares, assim como a nível molecular, atômico e subatômico. Nas células, falamos em estados de proteção e crescimento; já da escala da molécula para baixo, falamos em estados de partícula e onda. O fator comum a todas as escalas parece ser a consciência, que observa e interage.

Dentre alguns dos maiores enigmas da Física Quântica, está o efeito que a observação tem sobre o comportamento dos *quanta* de luz e matéria. Vale ressaltar que, ao serem observados, eles mudam suas expressões e transitam entre os estados corpusculares e ondulatórios conforme a perspectiva que se tem deles. Se tenta-se observar, veremos partículas. Se não interferir com sua observação, comportar-se-ão como ondas. Estranho, não é mesmo? Esses efeitos estão descritos no célebre e numerosamente replicado experimento da fenda dupla.

A observação, portanto, causa efeitos de transformação imediata a nível quântico. Como qualquer medição das partículas influencia os seus comportamentos, Bohr chegou a alegar que é inadequado chamar o agente da medição de observador, já que isso passa a ideia de certa passividade e neutralidade em relação ao experimento – que, na realidade, não existem.

É claro que, no nível dos experimentos quânticos, a consciência humana está mediada por aparelhos que irradiam frequências e modificam o sistema observado. Todavia, os elementos microscópicos podem ser considerados como simplificações de tudo que consideramos como uma realidade passível de ser observada fora ou dentro de nós. Os registros feitos pelos aparelhos sensíveis à escala quântica precisarão ser observados por alguém também, o que necessariamente faz parte da equação. É como se nossos sentidos também fossem tecnologias comparáveis a aparelhos de microscópio.

Na medida em que a escala aumenta, nossa consciência pode passar a atuar diretamente na realidade visível, pois tem condições de observá-la também. Assim, enviesa o olhar que temos sobre o nosso universo pessoal, cria-o por consequência da própria observação que colapsa as infinitas ondas de probabilidade em determinadas configurações de realidade relacionadas aos nossos pontos de vista e escolhas.

INTRODUÇÃO À CONSCIÊNCIA QUÂNTICA

Falamos anteriormente sobre o impacto da nossa observação nos sistemas quânticos. O comportamento dos objetos subatômicos está entrelaçado com aquele que os testemunha, colapsando suas funções de onda.

Em nível macro, o observador continua sendo importante para a vida celular. A interpretação que fazemos do meio à nossa volta transmite informações a todas as células do nosso corpo por meio do sistema nervoso. Podemos, assim, formatar estados orgânicos de proteção ou de crescimento. Os fervorosos fundamentalistas do determinismo genético, que acreditavam e propagavam que todo o nosso destino já vem a priori no DNA, tiveram de ver seus conceitos superados por meio da epigenética. Esta é a área da Biologia que estuda os mecanismos moleculares pelos quais o meio controla a expressão genética, ou seja, os genes saudáveis ou doentes são ativados conforme os sinais que as células recebem do ambiente. Ampliando a dimensão do conceito, nossos comportamentos e interpretações das experiências da vida é que fazem com que, por meio do cérebro, cheguem até o interior dos núcleos das células os estímulos harmonizadores ou prejudiciais.

Uma célula pode viver até três meses sem o seu núcleo, que possui o DNA e foi classicamente considerado o cérebro celular, contanto que o meio em que ela está seja nutritivo. Logo se conclui que o verdadeiro cérebro da célula é a chamada membrana celular, que controla as trocas com o exterior.

Indo para a dimensão complexa de um organismo multicelular, como é o nosso caso, as células que compõem o sistema nervoso são as especializadas em perceber o meio e fazer trocas com ele, mandando mensagens diversas a todo o restante da comunidade. Como já sabemos, nós, seres humanos, temos o potencial de enxergar as mais diversas realidades em um mesmo cenário compartilhado.

Nossa convivência social é tão ou mais complexa que as trocas entre o meio extracelular e o interior das células. Fato é que as células obedecem a leis orgânicas complexas que por si só as regulam muito bem. Em relação ao universo psíquico, podemos dizer o mesmo sobre a existência de leis complexas, mas a autorregulação, neste caso, nem sempre é garantida graças ao nosso arbítrio nas várias camadas do campo consciente. E a mente que escolhe conduz também não só o estado das células, mas das moléculas, dos átomos e dos componentes subatômicos.

Alguns físicos têm considerado sumamente importante trazer as funções mentais da consciência e da percepção para dentro da Teoria Quântica, já que a mente claramente interage com os objetos subatômicos. O primeiro a falar disso, que a consciência interfere quanticamente, foi o matemático húngaro John von Neumann (1903 – 1957), em 1930.

O físico norte-americano David Bohm (1917 – 1992) também deu grande contribuição ao falar da interconexão quântica, que reafirma a ilusão da separação no espaço-tempo ao abordar as correlações não locais e dá outras luzes sobre consciência e percepção. Cunhou o conceito de ordem implícita, ou ordem primária do universo, que seria um campo subjacente e anterior à ordem explícita ou ordem secundária do universo, também de sua autoria.

A ordem primária se refere a um campo holográfico quântico em que estão originalmente unidas todas as coisas e a consciência, a partir do qual emerge toda a realidade manifesta que comumente percebemos. Essa realidade manifesta é justamente a ordem secundária, explícita, que mostra movimento, substancialidade, espaço e tempo, mas que tem sua base na ordem primária, mais profunda, unificada, não local.

Bohm estava procurando explicar o comportamento das partículas subatômicas quando sugeriu a ordenação holográfica do universo, que se harmoniza bastante com a imagem da dinâmica do vácuo quântico. Isso, no entanto, se desdobrou no entendimento de que nossas percepções de realidade também estão aprisionadas no nível de funcionamento mais superficial da existência durante a maior parte do tempo. Como a aparência de tudo depende do contexto ou da escala (para mantermos os termos da Física) em que acontece e da percepção que se tem disponível naquela instância, corremos o risco de olhar as imagens projetadas localmente da matriz holográfica e nos esquecermos da própria matriz que as origina de forma implícita, além do espaço, do tempo e da própria manifestação.

Mais recentemente, o físico indiano Amit Goswami (1936 –) desenvolveu muito o diálogo da Física Quântica com a consciência, na mesma esteira de pensamento de Neumann e Bohm, dando contribuições originais bastante interessantes e publicando vários livros. Propõe, por exemplo, que a consciência está além do tempo e do espaço, é a dimensão da potencialidade, o verdadeiro fundamento da construção da realidade que percebemos, anterior a todas as coisas manifestas e instância da qual elas emergem. Sem dúvida, essa perspectiva quântica sobre a consciência dialoga com a própria etimologia da palavra, o que nos permite aprofundar cada vez mais o debate sobre os elementos da psique ainda tão misteriosos para a Filosofia e para a própria Psicologia.

A palavra consciência deriva da união dos termos latinos *cum* (com) e *scire* (conhecer), que completarão o significado etimológico de "conhecer com". Isso reflete uma perspectiva original que remete a capacidade de consciência à dimensão do saber compartilhado. Compartilhar, por sua vez, pode remeter tanto ao sentido individual, quando somos autoconscientes, quanto ao sentido grupal, que refere ao consciente e inconsciente coletivos da humanidade.

O precursor da ideia de inconsciente foi Sigismund Schlomo Freud (1856 – 1939), mais conhecido como Sigmund Freud, médico neurologista austríaco que criou a Psicanálise e que é referência para muitos pensadores até hoje. Todavia, o inconsciente freudiano ficou restrito conceitualmente ao universo individual de cada um, feito uma instância de instintos biologicamente programados e memórias pessoais, muitas vezes infantis, que foram reprimidas, e que influencia, se não governa quase totalmente, a atividade consciente dos indivíduos.

Tomando Freud como ponto de partida e ampliando sua construção de um inconsciente apenas pessoal, o inconsciente coletivo foi um conceito originalmente cunhado pelo psiquiatra suíço Carl Gustav Jung (1875–1961), que declarou ter se inspirado em conceitos anteriores, milenares, nascidos dentro da espiritualidade oriental ou dentro da Filosofia platônica. Trata-se da instância da consciência transcendente e transpessoal presente na psique de todos.

Possui propriedade não local, sendo transmitido a todos nós de forma transgeracional e transcultural, feito um conjunto de arquétipos, ou seja, imagens ancestrais, ideias primordiais e experiências universais compartilhadas por toda a humanidade. Se não depende de sinais percorrendo distâncias de forma clássica, certamente podemos considerá-lo quântico, com cada humano recebendo em sua psique pessoal informações sem a limitação do tempo-espaço.

Arquétipo é um conceito surgido entre os filósofos neoplatônicos, que tomaram por base o pensamento do grande filósofo grego Platão (428/427 – 348/347 a.C.), e refere a modelos exemplares e causais de todas as coisas sensíveis existentes. O platonismo sugere a existência de duas dimensões:

o mundo das ideias ou mundo inteligível, contendo os arquétipos – ideias, valores e outras entidades abstratas caracterizadas como únicas e imutáveis; e o mundo sensível, caracterizado por tudo aquilo que podemos captar pelos órgãos dos sentidos, elementos permeados pela multiplicidade e pela mutabilidade, por meio do qual não podemos alcançar a verdade, pois tudo nele se trata de uma cópia imperfeita e deturpada do mundo das ideias. Isso não nos lembra também de certo físico?

Assim como na nossa contemporaneidade Bohm falou das ordens implícita e explícita, na Antiguidade, Platão trouxe o mundo das ideias e o mundo sensível, ou seja, ambos construíram compreensões absurdamente ressonantes em épocas totalmente diferentes. O mito da caverna platônico, metáfora na qual o filósofo sugere que tudo o que vemos naquilo que chamamos de realidade não passa de algo feito sombras projetadas numa parede, fruto da experiência sensorial, e que as formas reais, das quais podemos fitar diretamente apenas tais sombrias e distorcidas projeções, residem numa dimensão superior oculta, bem poderia ser uma aula de Física Quântica na atualidade.

Os objetos quânticos lembram muito as características dos elementos arquetípicos, pois coexistem em duas realidades diferentes e, quando flagrados pelos sentidos, nunca são tudo o que podem ser em potencial. Elétrons, por exemplo, ora são partículas que formam uma estrutura material particular e perecível, ora são ondas de infinitas possibilidades que podem colapsar-se em várias formas diferentes, passivas de serem percebidas em escala macroscópica, a depender da ação da consciência observadora. Da mesma forma, conceitualmente, os arquétipos não podem ser vistos diretamente pelos sentidos, senão por meio de símbolos e outras formas menores que remetem a eles.

A Psicologia Contemporânea, a Filosofia Clássica e a Física Quântica parecem realmente estar mais interligadas do que pudemos supor antes dos tempos atuais. Jung, Platão, Bohm e outros com certeza poderiam sentar-se à mesa para uma longa conversa, encontrando facilmente todos os pontos convergentes entre as ordens primária e secundária, o mundo das ideias, o inconsciente coletivo, os arquétipos, o vácuo quântico etc.

Voltando a falar na consciência propriamente dita, o que a difere da instância do inconsciente é justamente a presença da outra função mental que elencamos no início deste tópico: a percepção. O inconsciente coletivo e os nossos inconscientes pessoais na verdade são hiperconscientes, captando informações e eventos o tempo todo, mas para os quais não temos percepção.

A função mental da percepção é tão atrelada à consciência que, muitas vezes, a separação teórica se torna difícil, embora realmente existam diferenças. Estados diferentes de consciência trazem consigo específicos modos de percepção e funcionamento mental geral. Ao ampliarmos nosso estado de consciência, nossa percepção também se amplia, e podemos perceber elementos no nosso campo de consciência que antes não percebíamos.

Outra grande diferença é que a percepção inconsciente produz em nós pensamentos e emoções, mas não pode produzir escolhas. As escolhas são inexoravelmente movimentos conscientes e estão relacionadas com as opções que fazemos, com as probabilidades que elegemos como realidade. É claro que informações subliminares poderão interferir na nossa percepção do mundo e, por consequência, nos nossos comportamentos e na nossa tomada de decisão, caso nos deixemos influenciar e ser simplesmente levados por estados de ânimo que vez ou outra parecem migrar até nós.

Pontos de vista conscientes e o olhar que lançamos sobre o mundo não só captam as informações desta realidade de forma passiva, mas a criam. Vale sempre reforçar aquilo que pode ser apreendido do experimento da dupla fenda: o observador não está separado daquilo que observa, é a consciência que opera escolhas e percebe os resultados dessas escolhas como cocriadora do universo.

Portanto, se você escolhe sempre as mesmas opções dentre o repertório que possui, deve estar percebendo que as probabilidades de que algo seja diferente na sua vida caem consideravelmente. Nesse posicionamento, você começa a perceber certa continuidade que poderá ser monótona para quem espera atualizações.

Se quisermos mudar a nossa vida, temos que fazer novas escolhas – à luz da Física Quântica, podemos perceber que isso não é só mais um jargão de senso comum. Novas escolhas criam descontinuidade na realidade que já está posta, como num salto quântico, dando a chance da manifestação de novos cenários. Como a escolha está atrelada à nossa própria existência em egos localmente separados, escolher não só reconstrói a nossa realidade, como também nos reconstrói.

Quando a vida que se tem é muito diferente da que se deseja ter, temos que mudar nossas escolhas. Caso achemos que não temos outras opções além daquelas que estamos escolhendo, precisamos modificar nosso estado de consciência para que nossa percepção se amplie, pois, com certeza, não estamos vendo todos os caminhos que existem implicitamente. Perguntarmo-nos sobre o que mais é possível e deixar que o universo à nossa volta responda poderá ser uma solução interessante nesse caso.

O CÉREBRO, AS ONDAS MENTAIS E A CONSCIÊNCIA QUÂNTICA

O pensamento em voga na neurociência materialista é aquele de que a consciência não passa de uma consequência da atividade cerebral. Se há atividade dos neurônios, as ressonâncias complexas dessa atividade produziriam o que chamamos de mente e de funções mentais. Se pensarmos por um momento que uma trilha de processos similares aos mentais, como cálculos feitos por um computador, pode acontecer sem a necessidade de consciência sobre ela, por que haveríamos de ser, nós que temos cérebro, conscientes dos elementos à nossa volta e autoconscientes daquilo que surge no nosso campo de consciência? Isso não seria necessário, e não o é, para um simples processamento de símbolos.

O estudo atento da natureza da consciência parece dizer-nos que somos muito mais do que as máquinas que criamos. Aliás, estamos aqui desde muito antes delas. Somos observadores e testemunhas daquilo que emerge em nossas mentes, como pensamentos, emoções e sentimentos. Somos observadores de nós mesmos. Não somos a mente, nem esses elementos da mente, muito menos simples consequências da atividade neurológica. Em verdade, o que foi observado nos experimentos da Mecânica Quântica nos sugere que a nossa observação, ou seja, a nossa percepção consciente, causa diretamente os estados da matéria a partir do nível subatômico.

Como já provado pelo teorema de Bell, variáveis ocultas não locais atuam sobre os objetos quânticos que são as bases da existência. Amit Goswami, consagrado no exercício do diálogo entre ciência e espiritualidade, resgata e traz até nós os conceitos platônicos e junguianos de uma mente coletiva por trás de tudo, onipresente, então não local, causa dos egos separados localmente, da matéria e de tudo que há.

Essas são outras pedras gigantescas no caminho dos neurocientistas materialistas: as propriedades não locais da consciência. Se a mente estivesse simplesmente encerrada dentro do cérebro, dependeria exclusivamente dos cinco sentidos para captar e processar informações dentro dos limites de tempo e espaço da realidade à sua volta. O problema é que um número crescente de pessoas relata experiências de percepção extrassensorial, ou seja, aquela que independe de uma fonte local emissora de informações. Intuição, clarividência, visão remota e telepatia são exemplos de processos por meio dos quais as pessoas obtêm informações que não passam pelas vias sensoriais comuns. Essas experiências ainda parecem não ser tão fáceis de demonstrar em laboratório quanto aquelas mediadas pelos sentidos comuns, mas acontecem. Quais serão então as condições para que elas ocorram?

É ponto pacífico que as ondas eletromagnéticas mentais possuem grande importância para o nosso funcionamento cerebral. É a atividade elétrica flutuante por meio da qual o nosso sistema nervoso central opera. A medida da aceleração delas é posta em hertz (Hz) nos exames de eletroencefalograma (EEG), muito usados na medicina. Cada hertz equivale a um ciclo por segundo.

As ondas detectadas nos cérebros humanos de todas as idades variam entre frequências mais baixas, chamadas de *delta*, *teta* e *alfa*, e mais altas, chamadas de *beta* e *gama*. Cada fase da vida, até o amadurecimento da adultez, terá um nível de atividade elétrica predominante e correspondente.

Toda a influência do pai e da mãe começa antes mesmo da concepção, quando os óvulos e os espermatozoides estão sendo maturados e neles está ocorrendo a impressão de genes específicos que serão usados para gerar um novo ser. Tudo o que acontece na vida dos progenitores nessa época influencia a atividade genômica nos gametas, que, por sua vez, terá profundas consequências nas probabilidades da formação do corpo e da mente do bebê.

Após a concepção, que poderá ter ocorrido num contexto amoroso e desejante ou não, virá o período médio de nove meses de gestação que também poderá ser feito zelosamente ou não. O bom cuidado inclui desde a boa nutrição até a convivência em um ambiente tranquilo com família e amigos. Tudo que o pai fizer durante a gestação influenciará diretamente a mãe, que, por sua vez, transmitirá ao filho no útero suas impressões de tudo o que acontece. Nossas mães foram os primeiros olhos que tivemos nesta vida, pois interpretamos juntos, em perfeita ressonância, o que acontecia fora do ventre, por meio dos sentimentos e das ações dela. Assim começamos a ser preparados de antemão para a vida pacífica ou hostil que possivelmente teríamos, conforme as crenças e interpretações maternas.

Crianças com até dois anos de idade terão predominância das ondas *delta*, com EEG medindo frequências de 0,5 a 4 Hz. Entre 2 e 6 anos de idade, já manifestarão períodos mais longos de ondas *teta*, com frequências de 4 a 8 Hz. Essas frequências mais baixas estão associadas ao funcionamento do sistema nervoso autônomo, responsável pela atividade involuntária das vísceras corporais, e à alta capacidade de absorção de informações, que explica a sugestionabilidade infantil.

Sobreviver ao ambiente exige aprendizagem rápida e muita adaptação, e as ondas mentais mais lentas favorecem a aquisição de cultura, o que leva os pequenos a adquirirem comportamentos e crenças dos pais, das mães e dos demais modelos observáveis. Tudo isso se armazena diretamente no nível subconsciente e tende a influenciar a vida inteira dos sujeitos.

Como estamos falando da consciência com inclusão da dimensão quântica, é preciso ressaltar que os modelos seguidos pelas crianças podem ser observáveis ou não. Quer dizer, há modelos que transmitem suas informações de forma local, em que, na convivência, essas são captadas pelos cinco sentidos e transportadas pelo sistema nervoso central da criança até o interior de todas as suas células, influenciando o DNA no núcleo e as demais organelas. Mas também há modelos que são transmitidos de forma não local, como nos casos em que as crianças, mesmo quando criadas inteiramente por outros tutores, manifestam aspectos dos genitores biológicos que nunca conheceram.

Há um aspecto evolutivo presente, porém nem sempre as programações recebidas pelas crianças são benéficas. Palavras mal ditas, por exemplo, poderão entrar como fatos reais no campo mental infantil, que ainda não possui discernimento suficiente para selecionar o que lhe serve e o que não lhe serve. Já no subterrâneo da mente consciente, tais programações moldarão, inclusive, a biologia das crianças – entra em cena a epigenética. Se você, que está lendo este texto, atingiu a vida adulta ou ao menos a adolescência, já pode refletir sobre como estão sendo os resultados das suas programações de infância. Você acha que elas estão limitando você? Ou estão possibilitando que você seja a melhor versão de si mesmo?

A partir dos 7 anos de idade, as ondas predominantes passam a ser as da frequência *alfa*, entre 8 e 12 Hz. Isso quer dizer que a tendência é que haja a expressão de um estado mental tranquilo, porém menos influenciável do que nas idades anteriores. O senso de individualidade começa a ficar mais claro para o sujeito, por meio da discriminação entre as informações provindas da autoconsciência e dos órgãos dos sentidos que estão voltados ao meio externo.

Por volta da emblemática idade dos 12 anos, os exames de EEG mostram que as ondas mentais da criança começam a sofrer uma aceleração maior ainda. Agora se manifestam períodos maiores de frequência *beta*, com oscilações classificadas entre 12 e 35 Hz. Essa faixa de idade compreende o início da puberdade, na qual a poderosa energia sexual começa a despertar e acelerar todo o campo eletromagnético do sujeito. Mentalmente já são possíveis estados mais ativos e concentrados, usados para, por exemplo, ler livros e estudar.

A ciência já conseguiu identificar uma frequência mental ainda mais acelerada que a *beta*. Trata-se da frequência *gama*, que acontece em momentos considerados de alto desempenho. O indivíduo pode chegar a ter sua frequência oscilando acima de 35 Hz. Nessa onda mental, é possível executar tarefas técnicas complexas, como pousar um avião. Ela também possibilita a vivência de êxtases místicos, fenômenos paranormais mais frequentes, grande felicidade, profundos *insights*, autocontrole emocional e o sentimento de compaixão. Há uma grande atividade neuronal e uma intensa integração cerebral.

Nenhuma das cinco frequências mentais citadas deixa de existir ao longo da vida do ser humano. Na verdade, o excesso ou a falta de cada uma pode causar variados tipos de problemas psíquicos e corporais. Parece ser mais desejável que haja uma coexistência sincronizada com as necessidades e momentos do ser. Aqui citamos algumas funções e as idades médias em que a prevalência de cada uma delas é esperada. Podemos ter pessoas que fogem às regras, é claro. O mais importante a ser conservado é que o estado da mente e da consciência sempre refletirá uma frequência eletromagnética específica coerente no nível cerebral.

Para além da perspectiva didática do desenvolvimento humano, vale frisar que estados de coma, de sono, de vigília comum e de transtornos mentais são alguns exemplos de estados de consciência, que refletem conjuntos de ondas cerebrais diferentes entre si. Como já dissemos anteriormente, o mesmo conta para momentos de *insights*, alta criatividade, profunda meditação, êxtase transcendental, vivências paranormais etc.

A maioria adulta da humanidade tem suas ondas cerebrais entre 9 e 14 Hz, que representam a vigília comum. Esse estado cerebral indica consciência e percepção limitadas ao campo comum de fenômenos, em que o sujeito tem suas experiências todas mediadas pelos cinco sentidos e pelo raciocínio comum. Da ciclagem *alfa* para baixo ou de em torno de 15 Hz para cima, a situação já começa a mudar.

A maioria das meditações leva, ou objetiva levar, as pessoas ao conhecido estado *alfa*. Isso quer dizer que o cérebro da pessoa irradiará uma frequência lenta. A diminuição da frequência cerebral da pessoa durante o estado de consciência desperto poderá fazer com que ela tenha percepções incomuns, com maior relaxamento, foco e criatividade.

A ressonância eletromagnética da Terra, descoberta originalmente em 1952 pelo físico alemão Winfried Ott Schumann (1888 – 1974), está oficialmente determinada entre 8 e 7 Hz, que combina com o limiar entre *alfa* e *teta*. Então, ajustar-se nessa frequência parece facilitar uma conexão com a vibração do planeta. Isso significa o início de uma abertura para a consciência coletiva, para estar conectado a toda a natureza e a todos os seres, humanos ou não.

Durante o estado *alfa*, a autopercepção se expande, e passamos a observar mais pensamentos e emoções que estão no nosso campo mental, mas que na vigília comum não somos capazes de perceber. Começamos a acessar o pré-consciente, os conteúdos do inconsciente pessoal e depois o inconsciente coletivo. Quanto mais o processo se aprofunda, mais nos identificamos como aquilo que observa do que com aquilo que é observado, ou seja, vemos o corpo, vemos toda a esfera psicológica, sabemos que existem e que fazem parte de nós, mas que não somos esses elementos. O eu individual começa a se perceber inseparável do todo. Esse é o mergulho na realidade básica, já que a dimensão onde todos somos uma única consciência, uma única onda de infinitas possibilidades, nunca deixa de existir, apenas deixa momentaneamente de ser percebida por nós.

Gosto muito da metáfora na qual cada ser pode ser visto feito uma ilha. Estamos todos formando um arquipélago em um mesmo plano, divididos por um imenso oceano. Todas as extensões de terra representam os egos, nossos eus separados do todo, que se percebem feito ilhas isoladas de outras. A superfície das águas que enxergamos das nossas margens, nossos limites imediatamente visíveis, pode representar o nosso campo de atividade mental que, a princípio, parece diferenciar-nos e isolar-nos dos demais. Ondas vêm e vão dentro da zona limítrofe na qual termina a terra firme e começa o mar, tais quais nossos pensamentos surgidos e desaparecidos de forma autônoma.

Ao entrarmos e mergulharmos na água, rapidamente encontraremos o nível pré-consciente. Começaremos a descobrir que o oceano, ao mesmo tempo que nos separa de outras terras, nos conecta a elas. E quanto mais mergulharmos nas águas, mais iremos em direção ao inconsciente pessoal e depois ao inconsciente coletivo, ou consciência transcendental, representado pelo terreno no fundo comum do oceano, sustentáculo de todas as ilhas. Se não mergulharmos nas profundas águas, jamais saberemos que somos todos um, que estamos calcados na mesma base. Permaneceremos feito ilhas separadas no raso da percepção. No fundo das águas, o terreno que tocamos é o próprio vácuo quântico, de onde emergem todas as ondas de infinitas possibilidades prontas para serem colapsadas pelas escolhas.

Quando relaxamos e baixamos nossa frequência cerebral, vamos em direção a esse estado de mergulho na consciência coletiva. E mesmo muito antes da experiência de dissolução do ego no todo, tão relatada pelos sábios orientais que atingiram a iluminação da mente, podemos ver brotar no nosso campo de percepção informações não locais. Ou seja, quando vamos em direção ao alinhamento à consciência transcendental, podemos ter as experiências paranormais que citamos antes.

Vale lembrar que toda noite passamos pelo estado de consciência e percepção de ondas *alfa* antes de dormir, mesmo aqueles que não praticam qualquer tipo de atividade meditativa. O momento intermediário entre o adormecimento e a vigília comum, quando já não estamos percebendo mais as sensações do corpo, mas temos ainda percepção mental consciente, é um momento em que nosso cérebro estará modulado em *alfa* e poderemos também ter percepções não mediadas pelos cinco sentidos.

Ainda dentro da mesma metáfora: e se agora olharmos para o céu a partir das ilhas? Chegaríamos a algum lugar ou a alguma consciência diferente? Tanto o mergulho nas águas profundas quanto o voo ao infinito céu acima das estruturas conscientes poderão ser libertadores. Quem olhar de cima terá a percepção muito ampla, enxergando toda a paisagem, o cosmos, o conjunto de ilhas e mesmo as diferenças de coloração nos mares, que insinuam as profundidades maiores e comuns a todo ser existente.

Se o simbolismo do mergulho nas águas profundas corresponde à diminuição das frequências mentais, a elevação aos céus e a percepção que se adquire daí podem ser relacionadas à aceleração das mesmas frequências. Assim, do pico das mais altas montanhas nas ilhas até o voo suspenso no ar, que toca ou transcende os limites últimos da atmosfera, fica representada a entrada nas ondas *beta*, principalmente as mais altas ondas *gama*.

Tanto o mergulho nas águas profundas quanto o voo ao nível dos astros representarão, portanto, importantes estados ampliados de consciência. Todas as duas expressões são importantes, e haverá quem se afine mais com uma proposta ou outra. É muito comum vermos trabalhos que envolvem relaxamento profundo com indução da diminuição das ondas mentais, e isso vem a calhar realmente na cultura de estresse em que a nossa sociedade está mergulhada. No entanto, particularmente penso que o trabalho de modulação nas ondas mentais da frequência *gama* é o mais interessante para o nosso atual momento evolutivo.

Vale lembrar que toda noite, ao nos deitarmos, o que se espera é que as ondas mentais diminuam sua frequência. Assim, passaremos adequadamente ao mundo do sono e dos sonhos. Cada ciclo completo de sono tem quatro fases e dura cerca de 90 minutos, devendo se repetir de quatro a cinco vezes por noite. Assim, nosso tempo ideal dormindo gira em torno de sete a nove horas diárias. Se tivermos um tempo ideal de sono, isso refletirá em muitas horas diárias com predominância de manifestação das ondas *alfa*, *teta* e *delta*, relacionadas ao relaxamento e ao reparo do corpo.

A última fase de um ciclo de sono dura, geralmente, cerca de 20 minutos e é conhecida como REM, sigla para *Rapid Eye Movement*, pois podem ser observados movimentos oculares rápidos em quem está dormindo. É a única etapa do sono em que se manifestam ondas mentais aceleradas, sendo a responsável pelos sonhos mais vívidos e pela organização e fixação de aprendizados. Ao despertarmos, o ideal é que possamos seguir operando em *beta* ou *gama*, preferencialmente de 15 Hz para cima, para captarmos de forma consciente cada vez mais as informações do universo à nossa volta. Aqui estou incluindo justamente aquilo que não está dentro da possibilidade dos cinco sentidos.

Fora da faixa comum de estado de vigília, para baixo ou para cima, somos capazes de captar informações além dos cinco sentidos, que pertencem à manifestação do conjunto de faculdades extrassensoriais e à dinâmica quântica não local. O problema é que, ao baixarmos as nossas ondas mentais durante o período desperto, corremos o risco de ser mais influenciáveis, como éramos na infância. Estaremos vulneráveis às impressões boas e ruins irradiadas por objetos, lugares, pessoas, animais etc., não podendo discernir com eficiência.

Mesmo a ressonância eletromagnética descoberta por Schumann tem oscilado bastante nos últimos anos, por vezes, extrapolando muito a faixa original de frequência. Podemos visualizá-la feito uma onda de elétrons que viaja da superfície do planeta até, aproximadamente, 100 quilômetros acima, em pulsos miscíveis em Hz, e que está diretamente ligada à possibilidade da biologia harmônica. Sua oscilação é sinal dos tempos, a natureza está passando por muitas mudanças que são cíclicas, e se ficarmos à mercê poderemos ter muitas perturbações corporais, emocionais e mentais.

As ondas *gama* não só nos possibilitam todos os benefícios já citados, como também nos dão notável independência da oscilação da ressonância Schumann. Vamos nos tornando usinas de energia mais independentes, caminhando com as próprias pernas. Assim, atravessaremos as transições planetárias com maior tranquilidade.

Neste momento, você pode estar se perguntando sobre o que fazer, então, com os relaxamentos e as meditações que nos levam a ondas mentais menos aceleradas. Você pode continuar fazendo seus relaxamentos, principalmente aqueles que relaxam o corpo e propiciam que a mente continue ativa mesmo durante o processo.

Há muitas técnicas que são popularmente chamadas de meditação, mas que, na verdade, são técnicas de visualização criativa e que podemos continuar usando dentro da proposta da aceleração das ondas mentais. Inclusive, citarei algumas muito poderosas mais à frente.

Existem métodos maravilhosos que nos colocam em estados *alfa* ou *teta* momentaneamente, a fim de reprogramarmos nossas crenças por meio do acesso ao subconsciente. Não há motivo para abandoná-los quando bem usados, conduzidos por você ou por profissionais da sua inteira confiança.

Provavelmente você já tenha visto falar também sobre o desenvolvimento de intuição e afins por meio das ondas mentais mais lentas. Tudo isso é verdade, mas outra vantagem das frequências altas, sobretudo *gama*, é que podemos fazer tudo o que fazemos em ondas baixas, só que com maior intensidade e periodicidade, e mais alguns outros fenômenos dentro do campo paranormal que são específicos das maiores frequências. Por exemplo, podemos desenvolver a intuição e telepatia em *alfa* ou em *gama*, mas nesta desenvolvemos com maior precisão, e podemos manifestar outras habilidades relativamente mais exóticas, como telecinesia, entortamento de metais e materialização de objetos.

Como as ondas *gama* integram uma maior ativação das diversas regiões cerebrais, com maior troca de eletricidade entre os neurônios, isso quer dizer que temos picos de vibração mais intensos, o que também ajuda a manifestar a realidade que escolhemos com maior rapidez. Tal qual o colapso da função de onda, onde haverá um pico maior ocasionado pela nossa escolha fazendo com que a energia em potencial do vácuo quântico manifeste as partículas e seus comportamentos, assim teremos as altas frequências cerebrais colocando maior energia nos objetivos que queremos manifestar na nossa realidade macroscópica.

A compaixão que citamos anteriormente no texto, como característica também da frequência *gama*, devolve-nos à metáfora do voo no mais alto céu. Ela reflete um estado de consciência em que somos capazes do sentimento coletivo. No campo da ética, muitas vezes, a compaixão aparece como ato de se importar com o sofrimento do outro, dando-lhe suporte. Da mesma forma, quando dizemos que um não tem compaixão, pode significar que ele tem crueldade ou indiferença com o próximo.

Se entrarmos no estado de percepção em que não somos o ego localmente separado, ou seja, uma ilha, com pensamentos, emoções e sensações que são exclusividade de si, mas algo que observa e testemunha a existência desse ego e dos objetos que surgem e desaparecem do espaço de trabalho da mente, entraremos na real dimensão da nossa existência. Essa dimensão é tão infinitamente profunda em nós, que até parece estar fora de nós, ou fora do eu.

Quando nos posicionamos feito o *self* consciente que observa, a personalidade, que é nosso conjunto de características peculiares de temperamento mais frequentemente expostos socialmente, deixa de ser o centro da nossa identificação. A experiência desse *self* observador é totalmente coletiva, pois é a mesma para todos e todas. Pragmaticamente, nesse estado de percepção, acessamos a compreensão de que todo o mal que fizermos a outra pessoa faremos automaticamente a nós mesmos. E todo o mal que os outros sofrem é um mal que também nos dói, pois não existem outras pessoas – somos todos um.

A ressonância com o campo da consciência coletiva por meio da aceleração das ondas mentais far-nos-á potencializar a manifestação da realidade que consideramos boa, bela e justa, porque escolheremos a partir da consciência do ser único e universal, e não a partir dos egos. A perspectiva da entrada nessa consciência transcendental significa não apenas entrar em um estado a ser alcançado, representado por uma frequência ondulatória eletromagnética e um trânsito de fótons com alta aceleração, mas estar em conexão e fusão com um estado autoconsciente e inteligente que é independente dos egos, que antecede tudo e todos e que modula a existência e a vida em suas mais diversas expressões.

A conexão com a consciência não local torna o sistema nervoso um complexo aparelho de sintonização, feito um rádio ou uma televisão que decodifica em sons e imagens o sinal eletromagnético que está recebendo de fora de si e com o qual entra em ressonância. Da mesma forma, o cérebro recebe determinada faixa de informações conforme a frequência em que está modulado. Dependendo da frequência das ondas mentais manifestadas, determinado conjunto de percepções torna-se provável no campo de trabalho da mente consciente.

A falta de um modelo científico que explicasse com maiores detalhes onde e de qual forma a consciência se conecta à unidade corporal começou a intrigar os pesquisadores. Uma das mais consistentes e interessantes teorias sobre esse ponto foi a Redução Objetiva Orquestrada, concebida no início da década de 1990, pelos cientistas Stuart Hameroff (1947–), médico anestesiologista e professor da Universidade do Arizona, e Roger Penrose (1931–), matemático e professor da Universidade de Oxford.

Por meio dessa teoria, a dupla postulou que a consciência se conecta à matéria por meio dos efeitos quânticos que ocorrem dentro dos microtúbulos das células. Mesmo alguns micro-organismos unicelulares possuiriam assim a consciência necessária para sobreviver e se multiplicar graças aos eventos quânticos acontecidos dentro dessas microestruturas. Nas células do corpo humano, sobretudo nas especializadas do sistema nervoso, o resultante seria a complexa consciência que experimentamos.

Com enfoque maior nesse sistema, então, podemos dizer que os microtúbulos são filamentos de proteína presentes na estrutura do citoesqueleto celular nervoso. Possuem, aproximadamente, 24 nanômetros de diâmetro e comprimentos variados de até alguns milímetros nos axônios dos neurônios. Esses filamentos microscópicos seriam os capazes de sintonizar a consciência do ser com o seu corpo, da gestação até o momento da morte, por meio das atividades subatômicas ocorridas nos seus interiores.

Hameroff e Penrose revisaram e atualizaram a sua teoria no final de 2013, após a descoberta feita por um grupo de pesquisadores do Instituto Nacional de Ciências Materiais (Tsukuba–Japão), e publicaram novo artigo no início de 2014. Esse grupo comprovou que há vibrações quânticas dentro dos microtúbulos dos neurônios, sugerindo que dessas vibrações se originam os ritmos das ondas eletromagnéticas detectadas no EEG.

É importante ressaltar que esses achados têm forte implicação em toda a compreensão do funcionamento do sistema nervoso. Campos eletromagnéticos transmitem informações de forma muito mais rápida e eficiente do que os sinais das reações químicas que são tão valorizados na neurociência clássica.

Quando dizemos que o cérebro é um aparelho eletromagnético ainda dentro da Física newtoniana, isso significa que seus processamentos informacionais ocorrem na mesma velocidade da luz, o que já é fantástico. Entretanto, a presença da atividade quântica joga o nosso tecido nervoso em um patamar tecnológico ainda mais superior, trabalhando com a recepção, interpretação e transmissão de sinais instantâneos, superluminais, conforme os conceitos da não localidade e da descontinuidade eletrônica.

A mudança no paradigma de como encaramos o funcionamento das sinapses e a natureza da consciência não tardou a gerar reflexões e hipóteses afirmativas sobre a permanência dela mesmo após a morte do corpo. Vários pesquisadores se aventuram a falar, por exemplo, sobre as famosas experiências de quase-morte, usando como importante referência as proposições de Penrose e Hameroff.

Na morte, as reações biofísicas dentro dos microtúbulos parariam, fazendo com que a consciência se desconectasse dali e voltasse para as realidades paralelas. Feito onda, sairia levando todas as informações adquiridas durante aquela vida. Em casos de reanimação sem danos comprometedores no cérebro, as reações biofísicas tornariam a acontecer nos microtúbulos, e a consciência, mais uma vez, entraria em ressonância com aquele corpo. Aqui estamos nos referindo ao conceito de consciência individual, como fosse uma parte menor da consciência transcendental, que nos possibilitará a criação do nosso ego. As vivências durante a vida poderão fazer com que essa consciência individual se expanda cada vez mais, até que se reconheça como a própria consciência transcendental ou, ao menos, uma parte dela.

A inteligência por trás da vida parece mesmo querer que evoluamos em corpos localmente separados, pois aqui estamos fracionados nas mais diversas espécies e nos reinos da suposta natureza à nossa volta. É intrigante que sejamos convidados pela sabedoria criadora para estar aqui com um dos aparentes objetivos de manifestar a superposição entre o eu individual e o eu coletivo.

É a nossa vivência, a de muitas outras pessoas e a teoria de cientistas aplicados em várias áreas do conhecimento que as consciências individuais vão e voltam de realidades paralelas para esta realidade reconhecida como material pelos nossos cinco sentidos. A esse processo é dado o nome, quase universal, de reencarnação: quando a consciência, que é pura onda de informação, passa a ressonar com o estado de partícula das mais minúsculas partes das células de um novo corpo.

Todos os mistérios da suposta natureza e do cosmos, nos quais julgamos não interferir, são ondas colapsadas, ou seja, realidades manifestadas pela observação e escolha da consciência transcendental. Todos os dias, o sol surge no horizonte, é um evento com 100% de probabilidade de acontecer. Imagine o poder do observador que pode interferir no sol, na lua, nas estrelas, em todos os planetas, projetando cada ser vivo em diversos reinos e com *designs* orgânicos totalmente complexos e inteligentes. Esse é o poder da consciência transcendental.

Os egos localmente separados, que modulam suas ondas mentais em uma frequência mais acelerada e potente, possibilitam o seu encontro e a sua identificação com a consciência transcendental. Essa condição ampliada nos torna deuses criadores. Facilita a cocriação da nossa realidade e abre a capacidade de interferirmos na matéria microscópica conforme nossas escolhas, refletindo os cenários macroscópicos.

A consciência transcendental programou as ondas quânticas de infinitas possibilidades para cada evento que podemos observar. Sintonizados com ela, cabe a nós fazermos as escolhas e colapsarmos a função de onda, transformando possibilidades, simples potenciais, em probabilidades grandes de que aquilo que projetamos se manifeste.

OS REINOS DA NATUREZA E OS NÍVEIS DE CONSCIÊNCIA

Como vimos até agora, tudo que existe materialmente, ou seja, que é observado no estado de partícula e percebido pelos nossos cinco sentidos como existente, é precedido por um campo basal de energia. Na maior parte do tempo, ou mesmo na totalidade do tempo, esse campo passa despercebido.

O que diferencia uma pedra de um corpo humano, que também é diferente de uma planta ou de um animal de outra espécie, não é, portanto, apenas sua forma física visível, mas a configuração atômica e subatômica que a antecede e que carrega informações determinantes de que a pedra será pedra, o humano será humano e uma planta será uma planta. Aqui vemos a perfeita atuação inteligente da consciência transcendental, que colapsa as ondas de infinitas possibilidades e vai causando a existência de todos os reinos de seres. Cada qual possui uma oscilação quântica e uma consequente vibração molecular específica, que possibilitará formas singulares de ser, perceber e ter consciência.

Se levarmos em consideração a dimensão atômica, logo nos daremos conta de que nada na natureza está parado ou estático. Quando olhamos um ser do reino mineral, este, sim, mais do que qualquer outro exemplo, pode nos dar a impressão de completa imobilidade, que na verdade é apenas aparente. Escapa à percepção comum que a pedra em observação também possui seu campo eletromagnético, que a envolve, interpenetra e que, a nível atômico, ela se encontra demonstrando determinada constante que a mantém coesa no seu existir feito pedra. Além disso, o reino mineral é um dos grandes responsáveis pela sustentação de todo o planeta por meio da formação de todos os tipos de rochas e da composição do solo.

Para ilustrar o raciocínio de forma mais evidente ainda, é importante lembrarmo-nos dos cristais. Embora toda a também aparente imobilidade, são excelentes ampliadores e condutores de potenciais vibracionais, utilizados tanto em hardwares da informática quanto na cristaloterapia dos terapeutas integrativos.

Reflexão semelhante podemos fazer sobre as plantas. Os seres do reino vegetal já parecem ser muito menos estáticos, em suas mais variadas manifestações, do que os seres do reino mineral, ao serem observados pelos sentidos comuns. Druidas, bruxos e xamãs de todas as épocas sempre os respeitaram como detentores de grande poder espiritual, sendo seres sagrados, inteligentes e sensíveis, com os quais é possível a comunicação. Ainda assim, o desconhecimento dos potenciais sofisticados das plantas, captados na observação científica, permanece assombrando muitos de nós.

As plantas trazem consigo grandes potenciais de armazenagem e condução de energia e têm servido muito bem à humanidade, não só no equilíbrio ecológico, mas também como veículos para a nossa cura. Nesse quesito, podemos lembrar-nos dos estudos bastante tradicionais da medicina herbalista, da medicina alopática, da medicina homeopática e da medicina floral, que, embora com concepções e objetivos diferentes, têm o uso dos vegetais como fator comum.

Os seres vegetais possuem muito mais inteligência do que supomos corriqueiramente. Haverá quem julgue pejorativamente quem conversa com suas plantinhas em casa como se pudessem entender algo, mas haverá também quem perceba que aqueles que conversam com as suas mantêm-nas mais viçosas e vitalizadas. Será apenas coincidência? E será coincidência que, sob certas condições específicas, algumas plantinhas inexplicavelmente morrem? Quem nunca viu ou ouviu falar sobre a seguinte situação: determinada pessoa chegou a um ambiente, e, logo depois, as plantas que lá estavam murcharam? Coincidência, com certeza, mas não simples acaso.

O primeiro a falar sobre a percepção aguçada dos vegetais foi o alemão Gustav Theodor Fechner (1801–1887), filósofo, matemático e físico, conhecido por ser um dos pioneiros da Psicologia científica. Sua obra, editada em 1848, versava sobre a vida psíquica das plantas, a primeira publicação na história a sugerir que o ato de conversar com elas contribuiria para o seu crescimento saudável.

Outro importante cientista foi o brilhante indiano Jagadish Chandra Bose (1858–1937), aplicado nas áreas de Biofísica, Física, Biologia, Botânica, dentre outras. Ele realizou experimentos por volta de 1900, que descobriram a excitação elétrica detectável nas plantas, uma espécie de traço de consciência e percepção.

Em 1938, os pesquisadores Kenneth Stewart Cole (1900–1984) e Howard James Curtis (1906–1972), ambos na Universidade de Columbia, corroboraram as descobertas de Bose. Eles realizaram um achado muito importante, comprovando que as plantas possuem estruturas muito parecidas com fibras nervosas. Essas estruturas, quando excitadas, transmitem ondas elétricas tais quais as dos nervos presentes em humanos e animais, mas em frequências bem mais lentas.

Tomando como ponto de partida que as alterações de consciência em humanos estão diretamente relacionadas às frequências eletromagnéticas expressas no tecido nervoso, e que as frequências mais lentas são uma das possibilidades que nos fazem ir do estado de vigília comum em direção à percepção não local e à consciência unificada, parece-me bastante coerente suspeitar que as plantas se encontrem nesse estado de consciência e percepção expandidas. Assim concluímos que, embora as plantas não possuam células nervosas para perceber igual a nós, possuem uma corrente elétrica difusa, que também se altera conforme aquilo que estão percebendo, denotando certo nível de consciência miscível, além de estarem conectadas por meio do subsolo a todo o planeta que sabidamente pulsa feito um grande organismo interligado.

A todas as informações à sua volta, as plantas são sensíveis. São dotadas de sentidos que podem, por exemplo, antever a aproximação de uma tempestade, como também identificar seus agressores ou aqueles que vivem em cooperação com elas. Possuem também traços de memória, conservando aprendizados. Imagine quantos sinais diferenciados uma floresta emite ao perceber que os seus desmatadores acabaram de voltar. Mas é mais que isso, pois podem acessar e saber, inclusive à distância, as intenções e os sentimentos humanos.

Experimentos com polígrafos, eletrocardiógrafos e eletroencefalógrafos conectados às plantas e aos humanos provaram o que está sendo dito aqui e demonstraram a influência que podemos lançar sobre elas. A recíproca certamente é verdadeira, pois facilmente podemos perceber mudanças em nós quando saímos do mundo de concreto e vamos a um local com mata mais preservada e abundante.

Mais recentemente, um dos mais notáveis pesquisadores nesta área da percepção das plantas, a qual nomeou de percepção primária, foi o americano Cleve Backster (1924 – 2013). Ele conseguiu demonstrar a percepção extrassensorial das plantas e a consequente comunicação não local entre elas e os seres humanos.

Se quisermos dialogar com os seres da natureza, devemos gerar um estado modificado e ampliado de consciência, para que possamos ressonar com a frequência da consciência deles. Certa vez estava visitando a casa da minha namorada, e ela me mostrou o vaso de uma pequena pimenteira que ficava em seu quarto. Havia sido encontrada murcha no final do dia anterior, sem uma causa aparente, e parecia não estar reagindo com os cuidados básicos. Resolvi, então, conversar com ela. Coloquei o vaso à minha frente, toquei nele com as duas mãos, fechei os olhos e perguntei mentalmente à planta o que havia acontecido com ela. Quase que de imediato, surgiu na minha mente a imagem clara de uma mulher vestindo roupa amarela. Abri os olhos e perguntei à minha namorada se uma pessoa com aquela descrição havia passado por ali no dia anterior. Ela pensou um pouco e lembrou que uma equipe de limpeza passara pela casa, e uma das mulheres usava um uniforme amarelo. Contou também que viu essa mulher esbravejando num momento em que ela pensou estar sozinha, reclamando muito do trabalho que estava fazendo.

Nesse momento, não tive dúvida de que a planta havia transferido quase toda sua energia vital à faxineira com más vibrações. Concentrei-me novamente junto da pimenteira, disse a ela que ficaria tudo bem e coloquei minhas mãos no vasinho com a intenção de projetar vibrações de cura e equilíbrio para ela. No dia seguinte, estava totalmente recuperada.

As plantas doam muita energia, toda a vitalidade que possuem, para equilibrar o meio ambiente e os seres à sua volta. Podem chegar à exaustão letal, secando e morrendo. É ponto pacífico o papel que elas têm no correto equilíbrio ambiental em todo o planeta e o quanto pode ser letal, à expressão da vida, a devastação do reino vegetal.

A conexão óbvia que as plantas têm com o conjunto total da natureza reflete uma relação sempre harmoniosa e mais evidente com a consciência transcendental, o que as torna símbolos inatos da vida mais plena e saudável. Os resultados das pesquisas do neuroanatomista Harold Saxton Burr (1889 –1973), na Escola de Medicina na Universidade de Yale (New Haven – Connecticut), provaram cientificamente a ideia poética de que cada semente traz em si a árvore que seria ou será, por meio da presença de um campo pré-programado em si.

Burr estudou, dentre outras coisas, os campos eletromagnéticos que circundam plantas novas. De acordo com suas observações, o campo eletromagnético que existe em volta de um broto não tem nada a ver com o formato da semente original, mas reproduz antecipadamente o formato da planta já adulta. Penso ser essa descoberta importante evidência da conexão com uma inteligência superior e transcendente, presente em cada minúscula parte de cada vegetal.

Outra polêmica discussão é aquela sobre a presença da consciência em animais. Muito embora a posição afirmativa pareça ser óbvia do que no caso das plantas, só muito mais recentemente, do que em relação a elas, a ciência teve uma opinião contundente.

Em 7 de julho de 2012, um grupo internacional de cientistas reuniu-se na Universidade de Cambridge, no Reino Unido, para atualizar as relações entre a neurologia e a experiência da consciência em animais e humanos. O parecer resultante desse encontro ficou conhecido como a Declaração de Cambridge sobre a Consciência em Animais Humanos e Não Humanos.

Na Declaração de Cambridge, os pesquisadores alegaram que não só nós humanos, mas todos os mamíferos, todas as aves, bem como outros grupos de animais, possuem consciência. Demonstram capacidade de vivenciar estados afetivos diversos e realizar tomada de decisão. Alguns são capazes, até mesmo, de autorreconhecimento frente a um espelho.

De um modo geral, o pensamento espiritualista do Oriente costuma considerar a escala de evolução dos seres vivos com base na consciência possuída por eles. Segundo essa perspectiva, alguns animais possuem maior evolução por terem atingido certo grau de individualização, enquanto outros, mais rudimentares, são totalmente guiados por uma espécie de instinto primitivo que os direciona no caminho da sobrevivência.

Convivendo com cães, gatos, cavalos, vacas, bois, macacos, dentre outros, facilmente podemos perceber presença de traços de temperamento, desejos e emoções que diferenciam uns dos outros mesmo quando integrantes da mesma espécie. Já os peixes, por exemplo, têm comportamentos exatamente iguais uns aos outros. Basta observar um cardume, em qualquer um dos oceanos, para perceber que todos obedecem a padrões invariáveis do seu grupo. Não é à toa que peixes, camarões, lagostas, mariscos e outros são todos chamados de frutos do mar, pois possuem a mesma condição de consciência, e pescá-los é similar a apanhar uma fruta de uma árvore.

É importante frisar aqui que não devemos confundir essa perspectiva didática do Oriente com a postura arrogante, superficial e piramidal classicamente adotada no Ocidente, onde os mais atuantes na consciência individual ficam no topo da pirâmide. Sabendo da importância de estar integrado à consciência coletiva, ou supraconsciência, que modula naturalmente todos os seres vivos que não atuam tanto nas funções conscientes, sejam eles animais, plantas ou minerais, o topo da evolução será daquele que, ainda que individualizado, mantiver a modulação com o coletivo. É mil vezes mais desejável estar no momento evolutivo de uma pedra do que no momento evolutivo de um ser humano que só pensa no próprio ego, que acredita que esse ego é o seu ser total e que todos os demais são outros.

Retornando ao início da evolução da consciência nos animais, podemos traçar um paralelo direto entre essa e a melhora do arranjo das células nervosas. O neurocientista Paul Donald MacLean (1913 – 2007) desenvolveu a interessante Teoria do Cérebro Trino por volta de 1970. Ele postulou que o cérebro humano, considerado o mais aprimorado e complexo, seria dividido em três distintos estratos neuronais: cérebro reptiliano, cérebro límbico ou mamífero e cérebro neocórtex ou racional. Essa divisão anatômica e funcional pode ser usada para entendermos também a expressão consciente de outras espécies.

Até nos répteis, o único cérebro que havia era aquele que chamamos, justamente por isso, de reptiliano. Imagens relacionadas à linguagem visceral, que reproduzem cenas de movimento corporal, sexualidade, alimentação e perigo, costumam ativar a atividade na estrutura reptiliana, pois esse cérebro processa as informações referentes ao sistema nervoso autônomo e à parte totalmente instintiva da sobrevivência, dotando os seres com capacidade ritualística e reflexa.

Como uma tartaruga rompe a casca do seu ovo e, recém-nascida em terra, já sabe que deve ir à direção do mar para iniciar a sua vida? Esse instinto é só um dos milhares de exemplos de como a consciência transcendente rege tudo, conferindo precisão e elegância mesmo aos animais que possuem sistemas nervosos menos sofisticados quando comparados a outros.

Na sequência, temos o cérebro límbico, que é aquele que está correlacionado diretamente ao campo afetivo e à capacidade de aprender com experiências passadas, processando linguagens e valores emocionais básicos, como dor e prazer, ou complexos, feito compaixão e amor. É por meio dele que podemos supor, pela presença das emoções, que determinados animais possuem percepção consciente. Também chamado de cérebro mamífero, a presença dessa formação nervosa é comum, principalmente, nessa classe.

Você não verá emoção alguma nos olhos de uma lagartixa, mas experimente olhar nos olhos de um gato enquanto lhe dá colo e carinho. Perceberá a diferença e o salto evolutivo gritante, ao menos em relação ao surgimento da consciência individual, pois é aqui que ele acontece.

Seguindo a linha do avanço biológico e o correlacionado surgimento do potencial de manifestar consciência a partir do substrato neural mamífero, não por acaso, boa parte das linhas teóricas mais respeitadas da Psicologia encaram a boa amamentação e a boa maternagem como elementos fundamentais para o desenvolvimento integral humano. Em relação aos humanos, esses itens participam dos alicerces fundantes do ego e podem ter uma relação dinâmica com o amadurecimento da percepção dos animais de outras espécies que também gozam de alguns estágios de consciência.

O sistema reptiliano inicia seu desenvolvimento durante a gestação e reflete nas habilidades que o humano recém-nascido desempenhará quando nascer: respirar, comer, acordar, dormir, chorar etc. Vale lembrar o que falamos anteriormente em se tratando de ondas mentais, que as menos aceleradas são as responsáveis por essas funções básicas e são justamente as que predominam nessa fase.

Em se tratando do sistema límbico, a criança humana poderá desenvolver a sua estrutura a partir do nascimento, indo até os 6 anos de idade. Conforme dissemos antes, principalmente até este limite, a criança estará modulada na frequência *teta* e implantará em si as suas crenças com grande intensidade, baseando-se na percepção dos modelos disponíveis. A criação das crenças sempre sugere um valor emocional associado a cada uma delas.

O terceiro e último estrato neural, conforme a Teoria de MacLean, é o cérebro racional ou neocórtex. Sendo o estrato mais recente na evolução dos seres, está presente de forma mais acentuada e aprimorada no *homo sapiens*, terminando totalmente sua maturação apenas por volta dos 25 anos. Está mais relacionado às ondas mentais de frequência mais acelerada, refletindo a capacidade de administrar as emoções e os instintos que são vindos dos outros dois cérebros.

A atividade eletromagnética que acontece no neocórtex confere potenciais como poder de abstração, processamento de linguagem simbólica, criatividade, intuição, lógica, raciocínio matemático e julgamento. A existência dessa estrutura possibilita aos humanos a concomitância da razão e da consciência, principalmente quando vibramos modulados em ondas *gama*. Com essa frequência específica, ampliamos as funções mentais superiores, o nosso discernimento e, consequentemente, o nosso poder de escolha que colapsa a função de onda e manifesta a realidade.

Se nos avaliarmos como seres instintivos, somos um fiasco. Qualquer outro animal na natureza supera-nos nesse quesito. O que pudemos ver na pequena apresentação textual deste capítulo, no entanto, mostra-nos que fomos muito além do sistema reptiliano primitivo e que, com a integração entre ele, o sistema límbico e o novo sistema cortical, posicionamo-nos num lugar de inteligência e probabilidade a que outros animais ainda não conseguiram chegar.

Contudo, vale lembrar que não devemos valorizar exageradamente a racionalidade. Isso pode levar o ser humano definitivamente longe da pretensa supremacia que parece ter frente aos componentes dos outros reinos. Nosso maior diferencial, quando isolado, torna-nos claudicantes.

Excesso de racionalidade cria sempre um paradoxo. Ao mesmo tempo que é a nossa vantagem evolutiva mais gritante, quando usada exclusivamente, pode vir a reduzir nossa criatividade, nossa intuição e todas as outras faculdades que são diálogos avançados entre o nosso campo de percepção e a consciência coletiva. São essas faculdades que nos habilitam a viver o sentido etimológico da palavra consciência, o "conhecer com". Se não manifestamos a superposição entre o individual e o coletivo, equiparamo-nos a muitos que hoje se sentem totalmente dissociados da natureza e que se autorizam, alienados do sistema vivo integrado que é a Terra e distanciados de qualquer feixe de compaixão, a destruir o meio ambiente e os demais seres que nele habitam.

Uma planta não pode criar teoremas, escrever livros e entender intelectualmente a matriz da vida, mas está naturalmente integrada à supraconsciência e não parece inclinada a iniciar guerras. É no equilíbrio, portanto, entre consciência e razão, potencial exclusivo atingido pela raça humana, que teremos condições para sustentar a virtuosa conexão das nossas individualidades com a dimensão transpessoal e unitiva.

É importante que a visão neurobiológica aqui apresentada não nos deixe esquecer que o sistema nervoso se trata de uma interface, por meio da qual a consciência, que antes de tudo é uma onda de informação, opera na realidade macroscópica. As condições que perpassam todos os reinos, indo dos silenciosos minerais até os mais complexos seres pluricelulares, não excluem em nenhum deles a presença da atividade consciente e algum nível de percepção, independentemente da presença ou não de neurônios. O cérebro não passa de mais um objeto físico, dotado de propriedades clássicas e quânticas, imerso na realidade empírica que é antecedida e sustentada pela consciência transcendente não local.

EDUARDO JAQUES

EXPERIÊNCIAS *PSI* E A CONSCIÊNCIA TRANSCENDENTE

O tema deste capítulo é merecedor de várias e várias obras exclusivamente para si. O pequeno recorte que aqui farei, no entanto, aprofundará alguns conceitos dos capítulos anteriores e servirá feito elo com a parte que virá.

Extrassensorial é a definição de toda aquela forma de percepção em que chegam, ao nosso campo de consciência, informações do ambiente ou de outros seres que não podem ter sido captadas pelos sentidos conhecidos. Hoje a ciência classifica tal percepção como uma experiência *psi*, em que se enquadram quaisquer vivências extrassensoriais e/ou extramotoras, ou como experiência anômala, que é aquela fora do ordinário, muitas vezes chamada paranormal, mas que é relatada com grande frequência pela população e para a qual o paradigma científico em voga tem dificuldades de encontrar explicações conclusivas.

Em seguida do início da Psicologia como ciência independente, mediante a inauguração do primeiro Laboratório de Psicologia, em 1879, com o alemão Wilhelm Wundt (1832 – 1920), a fundação da Sociedade de Pesquisas Psíquicas (*Society for Phychical Research*), em Londres, no ano de 1882, parece ter inaugurado na modernidade a primeira reunião de filósofos e cientistas brilhantes que objetivavam estudar, de forma sistemática, as experiências não ordinárias. A observação popular do suposto sobrenatural passava aí a ser objeto de estudo minucioso.

Poucos anos mais tarde, o polímata norte-americano William James (1842 – 1910), conhecido como um dos pais fundadores da Psicologia, participou como líder na fundação da Sociedade Americana de Pesquisas Psíquicas (*American Society for Phychical Research*), nos Estados Unidos. Nas décadas seguintes, vários pesquisadores foram dando suas contribuições para melhor entendermos o paranormal, na medida em que procuravam também esclarecer as fronteiras entre o normal e o patológico dentro do domínio das funções mentais.

O estudo científico do paranormal e seus impactos na psique devem interessar especialmente aos profissionais da área da saúde mental. Sujeitos que possuem as mais graves psicopatologias podem apresentar quadros alucinatórios. Isso levou a medicina psiquiátrica e algumas linhas teóricas da Psicologia a mal classificar tudo que fosse considerado alucinação, ou seja, seria sinal de patologia mental qualquer determinada percepção não causada por um objeto ou estímulo sensorial concreto. Experiências transcendentes e espirituais entrariam forçosamente na mesma classificação.

Hoje, felizmente, já é possível dizer com maior assertividade que experiências não ordinárias, feito as perceptivas, por exemplo, não são necessariamente caracterizadoras de doença. Em verdade, as pesquisas mostram que a população não clínica que relata experiências peculiares é crescente.

A quinta edição do Manual Diagnóstico e Estatístico de Transtornos Mentais (*Diagnostic and Statistical Manual of Mental Disorders, Fifith Edition* – DSM-5), publicada pela Associação Psiquiátrica Americana (*American Psychiatric Association*), em 2014, no Brasil, aponta que a avaliação clínica de pessoas em estados de transe ou possessão, seguidos de experiências em que alegam ver, ouvir ou incorporar entidades extrafísicas, deve ser feita com cuidado. A maioria dessas experiências não é sinal satisfatório de transtorno dissociativo, pois faz parte de práticas espirituais ou do contexto cultural das pessoas.

Da mesma forma, a Classificação de Transtornos Mentais e de Comportamento da Décima Revisão da Classificação Internacional de Doenças (CID-10), publicada pela Organização Mundial da Saúde (OMS), no início da década de 1990, traz o código F44.3, referente a Transtornos de Transe e Possessão. O item traz a descrição de uma modificação temporária da consciência em que o sujeito perde o senso de identidade e a percepção plena do ambiente, algumas vezes agindo como se outra personalidade ou entidade extrafísica tomasse conta de si. Ressalta ainda que apenas transes indesejados ou involuntários, que ocorrem fora ou como prolongamento das atividades religiosas ou outras aceitas na cultura do sujeito, devem estar incluídos sob essa classificação. Excluem-se, por conseguinte, quaisquer sintomas referentes a transes provocados no curso de esquizofrenias, psicoses agudas, transtornos físicos ou intoxicação por substâncias que alteram a consciência.

Esses dois manuais de diagnósticos, fundamentais na prática da clínica de saúde mental atual, deixam claro que já não é possível negar as experiências extrassensoriais, muito menos reduzi-las ao âmbito da psicopatologia. Soma-se a isso o fato de que a recomendação da OMS prevê que a qualidade de vida seja avaliada de forma multidimensional, levando-se em consideração aspectos físicos, emocionais, mentais, sociais, ambientais e espirituais.

Consequentemente, a opção do diagnóstico diferencial que envolve estados modificados de consciência não patológicos e relacionados aos fenômenos *psi* deve ser sempre aventada, sendo tanto uma obrigação técnica e ética dos profissionais da saúde, quanto um direito dos pacientes.

Pelo visto, pode-se dizer com grande tranquilidade histórica e conceitual que, desde seu nascimento, a Psicologia moderna possui fortes sobreposições com o estudo do campo do transcendente. Em uma época de muito maior pioneirismo intelectual e criatividade, os pesquisadores não tinham receio de adentrar os mistérios da existência munidos de rigorosos métodos científicos. Salta aos olhos a curiosidade de que a 23ª letra grega *psi*, símbolo oficial da Psicologia hoje, refira-se justamente às experiências extrassensoriais (como telepatia, clarividência etc.) e às extramotoras (como micro-PK, macro-PK e bio-PK), muito embora isso possa causar cólicas a alguns que ainda acham que tais temas nada têm a ver com a ciência e que não merecem ser pesquisados academicamente.

Não podemos esquecer que, nesse contexto das fundações do Laboratório de Leipzig e das duas Sociedades de Pesquisa Psíquica, a Teoria Quântica não era nem embrionária. Planck viria a lançar sua famosa constante fundamental apenas por volta de 1900, dando a base para Einstein, Bohr e outros desenvolverem a nova Física nas décadas seguintes. É salutar, pois, que saibamos que a responsabilidade da transdisciplinaridade pesa inteiramente sobre nós, pesquisadores contemporâneos deste século XXI. Pesa feito uma bênção, pela beleza da complexidade e compreensão da vida, do universo, que não poderíamos atingir em outra época sem o que foi construído até aqui com todos os avanços epistemológicos e tecnológicos. E pesa também feito maldição, posto que, para isso, tenhamos que enfrentar os limites do paradigma científico dominante e o obscurantismo dos grupos obtusos que normatizam o que deve ou não ser estudado.

Na sequência do que foi abordado até aqui sobre consciência e percepção, parece-me interessante retomar a questão dos estados de consciência e suas relações com o fenômeno *psi*. Como dito antes, cada estado de consciência reflete diferentes ondas mentais, ou seja, frequências eletromagnéticas específicas que são miscíveis por aparelhos. E cada frequência é caracterizada por modos de percepção específicos também.

O que as pesquisas científicas recentes e o saber popular parecem confirmar até agora é que estados não ordinários de consciência facilitam o acontecimento de percepções extrassensoriais e efeitos extramotores, dentre outros fenômenos insólitos. Tais estados são justamente aqueles que estão fora da vigília experimentada por boa parte da população, que tende a vibrar suas ondas mentais na frequência de 9 a 14 Hz. Abaixo disso, em ondas *alfa* e outras, ou principalmente acima, em ondas *gama*, os sujeitos terão experiências que vão além.

Já citamos anteriormente as numerosas vantagens de se manter as ondas mentais vibrando na frequência *gama*, incluindo as altas virtudes humanas que se expressam no ego pela expansão da consciência individual rumo à consciência transpessoal. Ela facilita a experiência de fenômenos que também podemos ter em ondas lentas, só que de forma mais intensa e constante do que nessas. Além disso, possibilita também os fenômenos exclusivos a si, que só acontecem na manifestação das ondas aceleradas.

A carioca Gilda Maria Moura, psicóloga clínica, hipnóloga e escritora, realizou extensa pesquisa em quatro grupos de pessoas com experiências anômalas: médiuns, cirurgiões espirituais, usuários de ayahuasca e os contatados por extraterrestres. O objetivo era de melhor entender os estados alterados ou ampliados de consciência que acompanhavam os fenômenos em cada amostra. Principalmente pelos resultados e continuidade da pesquisa com o grupo de contatados e/ou abduzidos por seres extraterrestres, Gilda se destacou internacionalmente.

A psicóloga conduziu exames eletroencefalográficos nesses grupos e descobriu que os estados de consciência notoriamente modificados possuíam medição bastante específica. Estamos falando de frequências manifestadas a partir do sistema nervoso humano que estão muito fora e acima da vigília comum.

Moura aferiu que os sujeitos da pesquisa, rodeados de experiências incomuns, invariavelmente atingiam ondas *gama* de, pelo menos, 40 Hz durante a manifestação dos seus fenômenos. As áreas cerebrais ativadas e a amplitude (microvolts) das ondas variavam, mas a frequência alta se mantinha.

O grupo de contatados e abduzidos era capaz de se autoinduzir, sem nenhum artifício ritualístico, a um estado ampliado de consciência em que o corpo ficava profundamente relaxado, e a mente, hiperacelerada. Eram os únicos que alteravam os lobos frontais e as zonas próximas, atingindo não só 40 Hz de frequência, mas também nos microvolts, mantendo grande potência. Isso lhes conferia um estado mental considerado equivalente ao êxtase transcendental ou iluminação, com certa agitação, mas com a companhia de sentimentos de saber, poder, grande amor pelo planeta e pela humanidade.

De fato, sobretudo o alegado contato com extraterrestres foi considerado ignição de grandes transformações de consciência nos sujeitos pesquisados, bem como do despertar de habilidades paranormais feito telepatia, premonição, capacidade de promover curas espontâneas e outros sinais da atuação direta da mente sobre a matéria.

Esses marcadores neurofisiológicos cerebrais, tão específicos nos grupos com experiências paranormais, foram de grande importância científica, possibilitando a apresentação de dados objetivos numa investigação que desafia os limites entre o comum e o supostamente desconhecido. Todavia, é válido salientar que os fenômenos, perceptivos ou não, que acontecem durante os estados modificados de consciência, não devem ser reduzidos a meras ativações cerebrais. Se assim fosse, poderia ser alegado serem ilusões neurológicas produzidas por reações neuroquímicas e elétricas.

Tais ativações – no caso, em frequência *gama* –, na verdade, são expressões mensuráveis do estado de energia geral dos sujeitos, que é então compatível com o campo do paranormal, e da modificação física acontecida na expansão da consciência causada pelas vivências diferenciadas. Ondas mentais de alta frequência seguem sendo um grande norte para o desenvolvimento de capacidades que parecem ser inerentes à humanidade ou à boa parcela da humanidade, tanto como parte da causalidade, quanto da consequência delas.

Urandir Fernandes de Oliveira (1963 –), paranormal brasileiro conhecido internacionalmente, contatado por seres extraterrestres e pesquisador de múltiplas áreas do conhecimento, foi um dos largamente pesquisados nos exames eletroencefalográficos. Esses comprovaram a hiperaceleração das suas ondas mentais quando concentrado.

O paranormal orienta milhares de pessoas, que participam dos encontros que promove, com inúmeras técnicas para aceleração das ondas mentais de uma forma ordenada e gradual, a fim de promover equilíbrio e liberar habilidades paranormais que todos nós podemos manifestar, facilitando o contato com outras realidades, bem como com os seres de outras dimensões. Aliás, conforme ensina Urandir, dotado com telepatia, clarividência, psicocinesia e muitas outras habilidades, os próprios seres com quem conversa desde a infância é que orientam: a chave para o desenvolvimento integral dos nossos potenciais está na elevação das frequências mentais. Assim ele desenvolveu as habilidades que muitos consideram supra-humanas, incumbindo-se de ensinar o mesmo caminho a todos que tiverem sincero interesse.

HABILIDADES MENTAIS NA HIPERCONSCIÊNCIA

Quando nossa percepção se expande, os inconscientes individual e coletivo se integram à nossa consciência e nos tornam hiperconscientes. A hiperconsciência se refere ao acesso a informações que não podiam ser percebidas até então, incluindo aquelas que provêm das instâncias não locais da realidade e que não dependem dos sentidos da vigília comum para serem trazidas ao nosso espaço de trabalho mental.

Estou convencido que manter a mente em frequência *gama*, durante o maior tempo possível, é a melhor chave para abrir todos os potenciais que temos adormecidos e a maior ignição para a chama da nossa iluminação interior. Por meio de inúmeros treinamentos para acelerar as ondas mentais, vi minha consciência expandir, garantindo cada vez mais estabilidade e equilíbrio geral, e vi as experiências com *psi* aumentarem ao longo dos anos. Isso fez com que eu pudesse entender profundamente a teoria dos livros que li sobre autodesenvolvimento e paranormalidade, alicerçando todo o conhecimento por meio das minhas próprias práticas.

Um fenômeno muito presente para mim, assim como para a maioria da população, é a chamada intuição. Citada por filósofos, físicos, psicólogos e cientistas de outras áreas ao longo da história, ela se caracteriza por uma espécie de acesso imediato ao saber profundo sobre determinados elementos que estão em foco na nossa percepção.

Desde problemas do dia a dia até grandes questionamentos filosóficos podem ser decifrados instantaneamente por meio dela. É como se nós, no futuro, falássemos conosco no agora já passado, sabendo todas as respostas do porvir como óbvias.

O conceito de imediato saber que poderia também ser atingido demoradamente por meio da racionalidade, ou, em alguns casos, nem por meio dela, remete-nos forçosamente a um fenômeno que só pode acontecer durante um estado modificado e expandido de consciência. Uma expansão tal que nos leva para além do pensamento linear, possibilitando captar informações que estão a maior parte do tempo na dimensão pessoal e coletiva do inconsciente. A faculdade da intuição é, por excelência, uma espécie de percepção hiperconsciente.

Nunca esqueço uma experiência que tive com algo bem cotidiano: comprar meu primeiro notebook. Inclusive, tamanha sua qualidade, é nele que estou originalmente escrevendo este texto, mais de 10 anos após a aquisição.

Eu tinha seis opções no catálogo que o vendedor havia me enviado. Gostei muito de um modelo e logo decidi comprá-lo. No entanto, uma intuição tilintava na minha cabeça, sugerindo que eu adquirisse outro modelo mais barato. Não era algo baseado num pensamento lógico de economia, realmente era um pensamento persistente que se sobressaía aos demais. Resolvi ceder e comprar o mais barato.

Uma ou duas semanas depois, o notebook que a minha intuição mandara comprar chegou à minha casa. O vendedor o retirou da embalagem e, quando foi ligá-lo, quase tão empolgado quanto eu, teve decepção equivalente à minha: o notebook não ligava. Pela garantia, informou-me ele, o correto era enviar o computador de volta à fábrica imediatamente, pois a troca seria instantânea. Assim fomos para mais uma semana de espera.

Dias depois, o notebook chegou. O vendedor me avisou e disse que havia uma boa e uma má notícia. A má notícia era que o modelo que eu comprara não estava disponível na fábrica. E a boa era que eu receberia então outro modelo, que custava mais caro, mas que eu não precisaria pagar a diferença. Você pode imaginar qual foi o notebook que recebi? Sim, exatamente aquele que eu desejara à primeira vista!

Qual raciocínio lógico ou método analítico me indicaria comprar o modelo mais barato para receber justamente o outro notebook que verdadeiramente desejei, só que pelo preço do primeiro? A resposta é: nenhum. A intuição é soberana e fatalmente superior na eficiência dos caminhos que tem a nos oferecer.

Esse exemplo da compra do computador é apenas um entre tantos. Trabalhando como terapeuta, não saberia dizer quantas foram as percepções intuitivas que já tive sobre os sintomas dos pacientes em mais de uma década de prática clínica.

Quando pesquisamos cientificamente o fenômeno *psi*, vemos que a classificação dos grandes grupos de habilidades paranormais já catalogadas não possui fronteiras rígidas. O que quero dizer é que cada habilidade paranormal recebe conceituações próprias, mas elas tendem a acontecer de forma cruzada.

Por exemplo, como fazemos para diferenciar na prática o fenômeno da intuição do fenômeno telepático? Como estamos lidando com processos sutis do campo da consciência e da percepção, torna-se um terreno movediço.

A telepatia é outra especialidade dentro das percepções extrassensoriais. O termo foi cunhado originalmente por Frederic William Henry Myers (1843 – 1901), um dos fundadores da Sociedade de Pesquisas Psíquicas, e designa a habilidade de transmissão e captação de informações, tais como pensamentos e sentimentos, entre indivíduos que podem estar localmente distantes uns dos outros no tempo e no espaço.

São conhecidas as experiências em que uma pessoa pensa na outra, com quem não se comunica há muito tempo, e no mesmo instante recebe uma chamada telefônica dela. Também quando as mães ou os pais sabem que seus filhos estão em apuros, mesmo sem terem qualquer informação objetiva que dê pistas disso.

Um pouco mais escancarado do que esses episódios cotidianos, que podem travestir as telepatias de casualidades, temos também as experiências em que ouvimos deliberadamente o que o outro pensou, e vice-versa. A experiência telepática pode manifestar-se de forma mais sutil, como fosse um pensamento que se diferencia dos demais dentro da nossa mente, ou também de forma a ser percebida feito uma voz física cuja emissão chegou aos nossos ouvidos. Nesse último caso, pode chegar a causar confusão, pois quem recebeu a informação pode não perceber a telepatia e realmente responder aos pensamentos do outro em voz alta sem se dar conta que ele não abriu a boca.

No que tange a fenômenos perceptivos mais especificamente sonoros, em que escutamos vozes ou outros sons que sabemos ou depois descobrimos não ter uma fonte geradora concreta, muitos pesquisadores optam por chamá-los de clariaudiência. Uma habilidade como que paralela à clarividência, só que voltada às informações sonoras, e não as visuais. Trata-se, novamente, de uma separação classificatória difícil, quem sabe mais fácil apenas para quem vivencia tais fenômenos em suas sutilezas, já que a própria telepatia parece abranger uma espécie de audição paranormal.

Certa vez, eu estava em casa quando escutei a voz inconfundível da minha então namorada, chamando meu apelido no portão. Estranhei muito, pois era meio de semana, e ela estaria trabalhando bastante distante dali naquela hora. Saindo para atendê-la, verifiquei que não estava lá. Telefonei a ela para saber o que estava acontecendo, e quando atendeu, disse-me que estava no trabalho, como julguei que deveria estar, mas que estava pensando em mim e queria conversar. Para ela foi uma coincidência curiosa eu ter ligado justo após ter pensado em mim.

Outro episódio foi quando participei da organização de um evento cultural. Eu estava voltado para um balcão, e atrás de mim estavam dois proprietários do local, sentados às suas mesas, trabalhando. Escutei um me chamar, virei para trás e perguntei o que queria.

Ele estava segurando o queixo com uma das mãos, na clássica postura pensativa, olhando-me, e arregalou os olhos com a minha pergunta. Disse, então, que recém havia pensado em me chamar, mas que não teve tempo de fazê-lo, pois me virei antes e já perguntei o que ele queria.

Experiências assim são muito comuns para mim e para muitas pessoas, por isso não devemos ignorá-las. Devemos procurar entender e aperfeiçoar o processo.

Como disse antes, a diferenciação teórica entre fenômenos sustenta-se até certo ponto. Dependendo da linha de pensamento, os pesquisadores dirão que a voz da intuição é uma função psicológica, funcionando feito um *insight* que revela relações súbitas e inéditas entre elementos mentais antes dissociados. Outros dirão que seres extrafísicos das mais variadas classes, que vão de espíritos a seres da natureza e extraterrestres, podem nos inspirar por meio da mente, e que essa inspiração seria a intuição.

Não tendo inclinação para reducionismos, parece-me que todas essas perspectivas podem ser verdadeiras e não são excludentes entre si. O que mais me intriga é: como podemos dizer que um espírito está nos induzindo certas intuições, ao invés de dizermos que ele está fazendo, por exemplo, um contato telepático? Ou como poderíamos dizer o contrário?

Tanto a intuição quanto a telepatia provam que, em estados ampliados de consciência, operamos além dos cinco sentidos da percepção comum. A primeira se traduz mais como ideias incisivas e orientadoras que surgem espontaneamente, e a segunda como um acesso a informações da mente supostamente alheia que não são transmitidas de forma clássica. Fora isso, ambas deflagram a existência da consciência transcendente e a capacidade que temos de sintonizar com ela – mostram o "conhecer com" na prática, e talvez isso seja realmente o mais importante a saber.

Os estados hiperconscientes provocados pela presença das ondas mentais *gama*, além de facilitar a ativação do conjunto de percepções extrassensoriais, favorecem a manifestação especial dos fenômenos extramotores. Nesse grupo, temos todos aqueles fenômenos que correspondem à atuação da mente sobre a matéria, em que o ser humano causa influência ao ambiente ou a elementos do ambiente sem a mediação de instrumentos, força muscular ou outras forças físicas clássicas. Mais popularmente conhecidos como psicocinesia (ou PK, do inglês *psychokinesis*), alguns pesquisadores atualmente dividem os fenômenos extramotores em micro-PK, macro-PK e bio-PK.

O micro-PK se refere à ação não observável de psicocinesia, ainda que mensurável estatisticamente, como no caso da influência em aparelhos geradores de números aleatórios (ou RNG, sigla de *Random Number Generator*) que transformam, em sequências de zero e um, as desintegrações radioativas aleatórias (conversão de um átomo em outro por emissão de radiação do seu núcleo). O primeiro a desenvolver um equipamento desses e usá-lo em pesquisa, por volta de 1970, foi o físico e parapsicólogo alemão Helmut Schmidt (1928 – 2011), abrindo as portas para a futura investigação científica do fenômeno.

Alguns dos estudos mais recentes demonstram a existência do campo de consciência coletivo, em que casais de gênero oposto ou pequenos e grandes grupos de pessoas podem causar padrões não aleatórios ainda mais significativos no RNG. O que interage com o aparelho, causando mudanças na sua aleatoriedade, seria justamente esse campo de consciência motivado pelas intenções combinadas ou pelos estados específicos da mente dos sujeitos.

O bio-PK é também um tipo de micro-PK, mais especificamente relacionado aos efeitos anômalos da mente sobre a biologia. Aqui entram todas as práticas de cura paranormal e técnicas de manipulação de energia que visam a resgatar ou ampliar o estado de saúde perfeita de um ser vivo, podendo ter seus efeitos verificados na medição de variáveis fisiológicas, e que acontecem sempre com a modificação do estado de consciência do agente do fenômeno.

As curas ou remissões de doenças, ditas espontâneas, jamais poderão ser entendidas dentro do paradigma newtoniano da Biologia. No entanto, ao sabermos que toda matéria se origina das ondas de informação que oscilam no vácuo quântico, podemos perceber que a ausência final da saúde é, antes de tudo, uma frequência de onda específica que foi colapsada em partícula pela nossa consciência, e que pode ser realinhada. Apenas precisamos descobrir o mecanismo adequado para promover esse efeito reverso.

Temos ainda o macro-PK, que agrupa os fenômenos observáveis da mente atuando sobre a matéria. Por exemplo, quando um agente paranormal movimenta ou quebra um objeto sem encostá-lo. Se a ação for realizada sobre um objeto que não está na presença do paranormal, ou pelo menos a distâncias maiores, costuma-se chamar o fenômeno de telecinesia.

Uma forma de macro-PK muito popular, divulgada desde a época da Reforma Protestante por Martinho Lutero (1483 – 1546), é a conhecida como *poltergeist*. Do alemão, o termo significa "espírito barulhento" e se refere a fenômenos cuja causalidade foi originalmente atribuída à ação de espíritos ou demônios, incluindo atualmente fenômenos de movimento e quebra espontânea de objetos, emissão de sons audíveis para duas ou mais pessoas e sem fonte geradora física conhecida, combustão espontânea, curtos-circuitos sem explicação científica, materialização de pedras, terra e correntezas de ar em contextos sabidamente impossíveis, dentre outros.

Particularmente já presenciei o fenômeno *poltergeist* várias vezes. Pelo escrito é fácil imaginar, para quem nunca viu ou ouviu, o quanto pode ser impactante para a nossa percepção. Posso dizer que se trata de um conjunto de fenômenos bem mais comum do que podemos supor. Ao longo da vida, vi acontecer comigo, com familiares e pessoas próximas, com clientes e com pessoas conhecidas que vieram pedir auxílio para saírem de situações amedrontadoras.

Parte do conceito original, que supõe a presença de um agente extrafísico como causa, é correto, mas somente em alguns casos. Conforme se sabe atualmente, o único elemento indispensável para que o *poltergeist* ocorra é a presença material de um agente paranormal que será a fonte geradora do fenômeno PK. Seres extrafísicos, quando presentes nesses fenômenos, só podem ser autores de algo quando interagem com o campo de energia de um paranormal e utilizam sua potência para interferir na materialidade da nossa realidade.

É plausível que, na época e no contexto de Lutero, quando surgiu o termo *poltergeist*, a restrita concepção religiosa tenha se somado ao medo do desconhecido e à visão limitada do poder humano, tornando quase regra a demonização do fenômeno ou a atribuição da sua origem a qualquer fonte que não as próprias pessoas viventes. Mesmo nos dias de hoje, quase todas as pessoas que me pediram auxílio para equilibrar manifestações de *poltergeist* tinham necessariamente uma visão negativa do processo, sempre envolvendo a crença da presença de seres malignos. Ignoravam, no entanto, sua própria participação naquilo.

Aliás, não se saber participante do processo é algo que podemos usar para categorizar a maioria dos *poltergeist* dentre outros macro-PK. O paranormal do *poltergeist* costuma causar efeitos à sua volta de forma aparentemente involuntária, com ou sem a participação de outros agentes extrafísicos. Já aquele que pratica fenômenos classificados como telecinesia tem anteriormente a intenção de interferir na matéria, por exemplo, movendo, pela sua projeção mental, determinado objeto.

Você que está lendo este texto pode imaginar o que um paranormal de efeitos físicos pode causar à sua volta caso se desequilibre emocionalmente? As ondas mentais altamente aceleradas e descoordenadas pelos conflitos psicológicos começam a causar efeitos problemáticos ao redor da pessoa, verdadeiros reflexos do seu interior.

Outra hipótese bastante pior é que as ondas mentais do paranormal se lentifiquem, de *alfa* para baixo, tornando-o, aí sim, sujeito a influências de seres negativos do campo espiritual que poderão usar sua energia para causar efeitos sinistros. Isso pode ser facilitado pelo processo da depressão, por exemplo, ou por oscilações emocionais mais pontuais que tornam menor a proteção da pessoa.

Um dos casos mais impressionantes que acompanhei foi o de uma paranormal de efeitos físicos que estava sofrendo forte possessão espiritual. Ela demonstrava também grande capacidade extrassensorial aliada a um bom centramento, mas um terrível ser extrafísico a estava rondando há muito, e estava bastante esgotada.

Na época, ela frequentava o grupo semanal particular de estudos espirituais que eu conduzia na minha casa. Na mesma noite do nosso encontro, horas depois de ela ter ido embora, ligou-me apavorada.

Na ligação, contou-me que um grande grupo espiritual havia invadido a sua casa e que vários fenômenos tinham ocorrido. Relatou que um dos seus filhos havia sido erguido pela parede, pelo cordão do crucifixo que estava usando. Vemos aqui um clássico exemplo de um *poltergeist* que justificaria lembranças macabras.

A paranormal conseguiu puxar seu filho em direção ao chão, levando-o e seu irmão menor para o quarto deles. Pediu que de lá não saíssem até que tudo se acalmasse, pois o quarto estava protegido.

O mesmo filho que fora erguido pela parede, com em torno de 10 anos de idade na época, tinha a capacidade de clarividência e viu várias pessoas invadindo a casa. A cena que imaginei na época foi a de uma espécie de arrastão.

Semanas antes, um dos amparadores espirituais que se comunicava com o nosso grupo havia transmitido um símbolo de proteção para que ela desenhasse no quarto dos meninos. De fato, de dentro do quarto, o pequeno clarividente via a mãe se debatendo com a falange na sala de estar. Todavia, os assediadores rondavam a porta do quarto deles sem ser capazes de entrar.

A paranormal entrou em profundo transe, escrevendo de forma automática alguns textos com ameaças e mensagens confusas. Dentre todas as criaturas que ali estavam, enxergava uma que se destacava e causava grande pavor, o seu principal obsessor.

Exatamente após se libertar do transe, fez a ligação para mim contando o que havia passado. Estava apavorada, principalmente pelo efeito *poltergeist* ocorrido com o filho. No primeiro minuto da ligação, um espectro sombrio surgiu na porta do meu quarto, a 1 metro de mim.

Sem que ela me tivesse feito qualquer descrição da entidade, comecei a detalhar o homem que estava vendo. Sujeito de pele branca e pálida, usando roupa totalmente preta de um verdadeiro cavalheiro europeu de alguns séculos atrás, com cabelo grisalho e desarrumado. Não bastasse todo esse detalhamento, ainda surpreendi minha amiga paranormal descrevendo a percepção de um detalhe peculiar: o homem tinha olhos vermelhos ameaçadores.

Convencida de que o seu algoz espiritual estava ali comigo, pedi à mulher que tentasse ficar calma. Propus-me a conversar com o homem para saber o que ele desejava dela e convencê-lo a deixá-la em paz naquela semana, até que chegasse a nossa próxima sessão espiritual.

Desliguei o telefone e comecei a conversar com o homem. Ele se referiu à paranormal vítima do seu ataque com outro nome, dizendo que ela era sua esposa e que não permitiria que ela ficasse junto de outro. Para que você não se perca nesta história multidimensional, querido leitor ou querida leitora, explico: o obsessor ainda se encontrava como se estivesse na memória da vida em que sua então esposa, a agora paranormal assediada, fugira com seu verdadeiro amor, agora seu filho mais velho, o mesmo que acabara de ser içado pela parede.

Estava explicado então todo o ódio daquela figura à minha frente. Amparado pelos amigos das outras dimensões, convenci o sujeito a ficar na minha casa até a semana seguinte, quando poderia ali mesmo acertar suas contas com a sua suposta esposa.

Chegada a sessão espiritual da semana seguinte, a paranormal contou que mais nada acontecera na sua casa desde o momento em que desligara o telefone. Claro, o obsessor estava todos aqueles dias no meu endereço, aguardando para levar a cabo o acordo comigo. Logo no início dos trabalhos, ele já se manifestou, sendo encaminhado, depois de um processo lento e difícil, para a regeneração da sua consciência em outras dimensões.

Depois que o grande obsessor foi levado dali, um frio imenso tomou conta da sala, o que eu penso ter sido mais uma manifestação de *poltergeist*. Em seguida, manifestaram-se várias pessoas que estavam compondo a falange agora sem líder. Eram consciências que haviam morrido em um naufrágio e que estavam sendo controladas por aquele recém-encaminhado. Todos, felizmente, puderam receber o auxílio que precisavam.

A paranormal ficou imensamente grata e, até onde pudemos acompanhar, livre de qualquer assédio espiritual. Ela começou a ter, como tinha antigamente, manifestações benignas de *poltergeist* à sua volta, sempre ciente de serem produções da sua própria energia e sem a participação de terceiros mal-intencionados.

Assim como tantas outras habilidades humanas que ainda são consideradas exóticas para a maioria da população, cumpro aqui a tarefa de ressaltar mais uma vez que o fenômeno que conhecemos como *poltergeist* não tem nada nele que seja intrinsecamente maligno ou que esteja necessariamente relacionado a habitantes dos mundos espirituais. Muito antes pelo contrário, ele possivelmente é uma das mais claras demonstrações sobre o quanto ainda temos de explorar em se tratando dos potenciais da mente humana.

Como você pode notar, a história que acabo de contar exemplifica não só o macro-PK do tipo *poltergeist*, mas também integra modalidades de percepção extrassensorial como clarividência, clariaudiência, telepatia etc. Bem como sugere a sobrevivência da consciência humana mesmo após a morte e a ideia de que nossas consciências transmigram por vários corpos individuais, fazendo com que cada um de nós tenha a experiência de várias vidas nesta dimensão física. Mais especificamente ainda dentro do campo das habilidades mentais hiperconscientes, acho fundamental fazer um pequeno aprofundamento na abordagem da clarividência.

A clarividência aparece classificada, dentro dos vários tipos de percepção extrassensorial, como a capacidade de determinado receptor captar informações de eventos físicos distantes dele no tempo e/ou espaço, bem como ter percepções sem objeto concreto ou além do referencial material que comumente conhecemos. Vejamos essas possibilidades em exemplos.

Certa vez combinei um jantar com uma amiga. Nunca havia ido ao apartamento dela, só sabia mais ou menos onde ficava o endereço. Quando chegou o dia, eu estava lavando a louça do almoço e, de repente, vi surgir um senhor idoso, espécie de ermitão, na entrada da minha cozinha. Ele vestia uma túnica toda em tons de cinza, composta de retalhos, segurava um cajado cor de madeira com a ponta superior arredondada, tinha pele parda e bastante enrugada, com comprido, volumoso e liso cabelo branco que fazia conjunto com uma igualmente branca e longa barba.

Acostumado com o fenômeno, perguntei mentalmente quem ele era e o que queria. Prontamente me respondeu que era um druida, amparador de um dos filhos da minha amiga, e que estava ali para que eu visse o local aonde eu iria. Dito isso, foi como se eu estivesse chegando à casa da minha amiga, flutuando. Pelo referencial da minha visão, eu literalmente estava flutuando e via como fosse a visão no ângulo costumeiro da cabeça, ao qual todos estamos habituados, enxergando apenas à frente.

Na cena eu avancei através de um portãozinho e flutuei por fora de alguns lances brancos de escada, com várias folhagens pelo caminho, pairando em frente à porta da casa dela. Estando aberta, passei por ela e vi, à minha esquerda, a outra que dava para a cozinha dela, à direita, uma porta que dava para outro cômodo e, à frente, a sala de estar com todos os seus detalhes, mesas, poltronas, cadeiras, varanda etc. Tudo isso em alguns segundos, ali em pé na pia da cozinha do meu apartamento, só que em imagens mais reais do que as minhas mãos digitando este texto agora.

Quando a visão da cena na qual eu estava imerso dispersou-se, lá estava eu novamente vendo a pia e a louça. O druida desapareceu do meu campo de visão e fiquei lá sem entender muito bem a experiência, curioso para saber se o que eu tinha visto era real.

Mais tarde no mesmo dia, cheguei ao endereço da minha amiga. Estacionei na frente do prédio e percebi que a fachada não tinha aquelas informações que eu supostamente captara horas antes. O acesso aos apartamentos era pelos fundos do prédio, conforme orientou minha amiga, então andei pelo corredor que dava acesso às garagens e dobrei à esquerda.

Nesse momento, finalmente, comecei a ver o ambiente que já conhecia. Atravessei o mesmo portãozinho, andei os lances de escada, passei pelas folhagens e cheguei ao apartamento dela, com portas, ambientes, cores, móveis, tudo exatamente como havia visto mais cedo. O detalhe importante é que os fundos do apartamento não eram de forma alguma visíveis da rua. Era inexorável acessar as dependências do prédio para vê-los – a não ser que você seja clarividente.

Tantos anos se passaram, e essa foi uma das experiências que mais me marcaram. Não entendi até hoje qual a necessidade que o druida sentiu de me induzir a ver antecipadamente aonde eu iria mais tarde. Seria aquilo uma espécie de boas-vindas? Ou será que já havia uma programação para que eu compartilhasse no futuro o conhecimento sobre esses fenômenos por meio deste texto, por exemplo?

Fato é que essa experiência foi mais um exemplo claro da percepção não local, que só é possível por meio da entrada na hiperconsciência. Vemos tanto a telepatia, quando me comuniquei em pensamento com o druida, quanto a clarividência, que me possibilitou visualizar o próprio druida na minha cozinha e um local distante ao qual eu não teria acesso nem se passasse corporalmente pela frente.

Esse tipo peculiar de clarividência, em que um receptor vê um local distante, foi profundamente estudado pelo físico e parapsicólogo norte-americano Russel Targ (1934 –). Targ teve grande relevância na Física, sendo um dos precursores no desenvolvimento da luz laser na década de 1960. Seu prestígio acadêmico proporcionou que, na década seguinte, fosse cofundador e coordenador do programa de investigação paranormal no *Stanford Research Institute* (Menlo Park – Califórnia), no qual cunhou, em 1970, o termo visão remota.

A visão remota é justamente a habilidade de ver um alvo distante ou invisível por meio da percepção extrassensorial – exatamente o que vivenciei na história que relatei há pouco. Existe ainda outra forma muito especial e intrigante de atuação não local da consciência. Refiro-me àquela que muitos estudiosos chamam de experiência fora do corpo (*out-of-body experience*).

Nessas experiências, acontecidas sempre durante o adormecimento espontâneo ou provocado, o sujeito se percebe como uma entidade projetada fora do seu corpo físico. Durante o fenômeno, são comuns os relatos de ver o próprio corpo como se estivesse olhando de um local mais acima dele, viajar a outros lugares próximos ou distantes, encontrar com pessoas falecidas ou seres de outras espécies etc. Na minha vivência pessoal, as experiências fora do corpo sempre aconteceram de forma bastante pontual, porém marcante.

Na adolescência, logo das minhas primeiras vivências paranormais mais conscientes, tive a experiência de sofrer um assédio espiritual importante. Ao despertar o conjunto de percepções extrassensoriais, comecei a ter contatos frequentes com uma mulher que morava um andar acima do meu apartamento. Eu a via pela janela do meu quarto, quase sempre parada em frente à porta. Era relativamente alta, com pele quase branca, cabelos pretos e presos para trás em forma de coque. Usava um vestido requintado, ainda que simples, de cor branca – provavelmente comum há uns dois séculos. Às vezes, trazia consigo uma senhora sentada numa cadeira de rodas e que, pelo que me lembro, não se comunicava comigo.

Inexperiente, comecei a puxar assunto com a mulher sempre que a via, pois estava fascinado com a possibilidade de ver e ouvir o que antes não. Com o passar dos dias, eu não conseguia concentrar-me para quase mais nada dentro de casa. A mulher, que agora tinha sido vista, não queria mais deixar de conversar comigo nem um minuto sequer.

Durante as noites, que passaram a ser muito mal dormidas, comecei a despertar durante a madrugada e vê-la dentro do meu quarto. Lembro como se estivesse vendo agora a cena dela agachada embaixo da minha escrivaninha, a cerca de 1,5 metro de mim, olhando-me no escuro.

A minha terapeuta na época foi fundamental para que eu pudesse sair do processo. Usei essências florais para proteção e desassédio espiritual que foram indicadas por ela. De um dia para o outro, embora a entidade continuasse no apartamento acima, já não tinha qualquer influência sobre mim.

Logo que a possessão espiritual foi desfeita, talvez um ou dois dias depois de estar em tratamento para isso, lembro de ter deitado um pouco no período da tarde. Adormeci e despertei de repente, abri os olhos, mas algo estava diferente. Ao invés de ver o teto do meu quarto, como se estivesse deitado, eu estava de pé aos pés da minha cama. Olhando a cama, pude ver meu corpo físico deitado nela.

Ainda aos pés da minha cama, minha consciência olhou pela janela do meu quarto, que dava para a escada que nos trazia até a porta de entrada do nosso apartamento e para a porta onde eu via a mulher que tinha me assediado. Para minha surpresa, ela, que estava novamente na frente da porta do apartamento superior, veio flutuando rapidamente até a janela do meu quarto. Olhou meu corpo deitado na cama, olhou-me projetado ao pé da cama, olhou novamente meu corpo físico e voou na direção dele como se fosse atacá-lo.

Num piscar de olhos, eu, a consciência projetada fora do corpo, coloquei-me entre a mulher e o meu corpo físico, acertando-lhe um soco na cara com o dorso da mão direita. A assediadora rodopiou no ar, saindo jogada pela janela através da qual tinha entrado. Lembro de voar atrás dela e, quando atravessei pela mesma janela, vi um grande clarão branco.

Esse clarão branco aparentemente me fez acordar, novamente com o devido encaixe e sincronicidade com o corpo biológico. Aquele realmente parece ter sido o acerto de contas final com a assediadora, pois nunca mais a vi.

A experiência fora do corpo que tive, com direito a combate com a obsessora e visualização do meu ego biológico deitado ao lado, foi, de certa forma, um pilar importante na minha compreensão espiritual da vida. Ainda que não tenha sido nada quando comparada àquela que relatarei agora.

Em determinada madrugada, lembro-me de ter me dado conta de estar no antigo prédio em que morei a maior parte da minha infância e adolescência. Na verdade, estava no apartamento de cima, idêntico ao nosso. Aliás, o mesmo em que, na porta de entrada, via a mulher da história anterior.

Sentadas à mesa da sala de entrada, estavam minha mãe e outra pessoa da qual não recordo a identidade. Segui pela esquerda da mesa, acessando o início do corredor que dava para o banheiro e os quartos. Ao fundo desse longo corredor, que atravessava todo o apartamento, a porta do quarto maior começou a se abrir.

Pela abertura, começou a se irradiar uma intensa luz dourada e prateada, como se o próprio sol estivesse nascendo dentro daquele quarto, iluminando tudo. Apesar da intensidade gigantesca da luz, ela não parecia me ofuscar. Lembro que apenas eu estava de pé; minha mãe e a outra pessoa permaneciam sentadas à mesa, de lado para a luz.

De repente, uma silhueta toda escura, feito uma sombra, foi surgindo de dentro daquela luz toda. Era como se estivesse subindo uma escada até ficar no mesmo plano que nós. Atravessou o marco da porta e começou a caminhar vagarosamente, em linha reta pelo corredor, na nossa direção. Eu não fazia ideia de quem era.

A silhueta escura parou no meio do corredor. Ela não podia seguir mais. De alguma forma fui autorizado a ir ao encontro da pessoa. Fui caminhando, também vagarosamente, e pude ir reconhecendo a figura. Era um homem, com terno escuro, mais alto que eu. Tinha bigode. Por fim, era meu pai.

Infelizmente, meu pai havia falecido em decorrência de um câncer hepático, na manhã do dia 23 de dezembro de 2015. Lembro de tê-lo visto duas vezes, uma caminhando por dentro de casa e outra pelo pátio. Cheguei a persegui-lo, mas sempre desaparecia depois de alguma curva doméstica.

Agora eu estava ali, para um encontro contundente, na madrugada do 18º dia terrestre após a sua passagem, ou seja, entre a noite do dia 9 e a madrugada do dia 10 de janeiro de 2016. O encontro estava acontecendo no que poderia ser um clássico relato de projeção da consciência, com a imensa diferença de que era eu mesmo quem a estava vivenciando.

Lembro de ter ficado espantado de ver meu pai ali, na minha frente. Conversamos como em qualquer bate-papo cotidiano, mas, é claro, fiz muitas perguntas.

Perguntei como tinha sido morrer da forma como foi, respondeu-me que não foi nada demais. Perguntei de sua saúde, e ele me disse que tinha seguido em tratamento após a morte e que agora não havia mais registro do câncer nele.

Pude reparar, no entanto, que seu braço direito não estava normal e perguntei como seria o processo para isso. Antes do desencarne, ele havia convivido muitos anos com a sequela de um acidente vascular encefálico que lhe tirou quase todo o movimento do mesmo membro. Explicou-me que, para recuperar o braço, ainda levaria mais tempo de tratamento no mundo extrafísico.

Contei a ele muitas coisas que estavam acontecendo aqui no plano denso. Pedi perdão por alguns erros recentes, e, como era quase sempre seu costume, disse-me simplesmente que "essas coisas acontecem", um verdadeiro sinônimo de desimportância.

Outra coisa interessante que aconteceu foi a comunicação dele com minha mãe. Após a nossa conversa, percebi que ela estava munida de um aparelho parecendo um telefone fixo mais antigo. Meu pai também estava com um aparelho, que lembrava um telefone móvel. Os dois puderam conversar um pouco por aquelas estranhas tecnologias.

Ao me despedir dele, disse que o amava, dei um forte abraço e vários beijos no rosto. Lembro-me de despertar abruptamente na minha cama, com a sensação das costelas dele nas minhas, igual a todos os abraços que demos em vida, e com o gosto da pele do rosto dele na minha boca, exatamente igual ao que ficava quando beijava sua face.

Penso que a maioria das pessoas apenas sofre a saudade, sem saber atribuir a ela alguma função que não o choro pelo objeto perdido. Depois do que acabo de relatar, tenho plena certeza de que ela é um dos elos mais poderosos entre a dimensão daqueles que aqui estão e daqueles que já partiram. Precisamos usá-la com sabedoria.

No mesmo sentido, acredito ser impossível criticar quem tem dificuldades de entender que a vida continua, independentemente do desligamento do corpo físico, e que somos consciências imortais. Não lembro de em algum momento desta vida ter duvidado disso, mas tenho plena noção de que vivenciar diretamente é muito diferente de apenas acreditar. Por essas e outras razões, penso que os conhecimentos teórico-práticos da ciência do campo sutil são tão valiosos.

Russel Targ pesquisou e testou paranormais habilidosos na percepção não local, atraindo o interesse e patrocínio de órgãos como a Nasa e a CIA. Você consegue imaginar a diferença que tal clarividência poderia fazer durante uma guerra? As agências de segurança e inteligência dos Estados Unidos também.

O próprio Targ atuou como espião paranormal para a CIA, tendo ele mesmo habilidades para visão remota. Forneceu informações preciosas ao governo dos Estados Unidos durante a Guerra Fria. Todavia, foi lançado no autoconhecimento e desenvolvimento da própria espiritualidade pelo aprofundamento da compreensão sobre as habilidades humanas que vão além dos cinco sentidos.

Targ fez algumas das mais brilhantes pesquisas na área da paranormalidade e percebeu, assim como abordado aqui ao longo dos capítulos anteriores, as implicações da inexorável conexão entre a consciência e os fenômenos *psi* sobre a concepção que temos sobre nós mesmos e a vida que vivemos. Se só a visão remota existisse no vasto campo de fenômenos paranormais, ela já seria suficiente para pôr em xeque a realidade que pensamos conhecer graças à aparente anomalia da percepção não local e atemporal.

Se retornarmos à teoria trazida por David Bohm, a realidade holográfica quântica da ordem implícita sugere-nos a metáfora de que o universo inteiro está contido em cada parte dele, e cada parte está da mesma forma contida no todo. Ou seja, em qualquer parte do espaço-tempo, podemos encontrar informações de todos os outros pontos do espaço-tempo, bastando apenas ter a percepção devidamente afinada para tal.

Bohm chegou mesmo a sugerir, assim como tantos outros pensadores dentro e fora da Física, que a consciência é unitiva quando vamos ao nível mais primordial da existência, ao qual ele nomeou de ordem implícita. O problema é que a maioria de nós está presa ao nível de percepção da ordem explícita.

Os nossos olhos são a única parte exposta do nosso sistema nervoso. Sendo o nosso cérebro uma interface física, mas também uma máquina quântica que libera mais e mais potenciais de percepção conforme se ampliam os estados de consciência, podemos transformar nossa simples vidência, a visão dentro do espectro da luz visível, em clarividência, passando a enxergar além desse limite. Modular nossas ondas mentais para fora dos limites da vigília comum faz com que abramos nosso cérebro à percepção ampliada e à consciência unificada e eterna, nível esse em que os fenômenos *psi* não são paranormais, mas subprodutos comuns da matriz total da vida.

A consciência local faz com que vejamos apenas o que está manifesto no mundo das formas, organizados em grande escala pela ordem explícita e dentro do espectro eletromagnético visível da luz. Por outro lado, a consciência não local e transcendente faz com que possamos ver frequências luminosas muito além do conhecido espectro, que estão na direção da ordem implícita.

Além das imagens que parecem abrir-se como em uma tela à nossa frente, característico da visão remota, na qual não se depende do direcionamento corporal dos olhos, temos também alguns casos em que o próprio mecanismo fisiológico óptico parece ver além, captando fótons visíveis a partir da hiperconsciência.

Gostaria de encerrar este capítulo e a primeira parte deste livro introduzindo justamente sobre a clarividência que nos permite ver, especificamente, a luminosidade sutil que há em volta dos corpos de todos os objetos e, principalmente, em volta de todos os seres. Não apenas os considerados místicos relataram experiências relacionadas à visualização de um campo sutil e vital ao longo da história, mas também cientistas.

Destaco aqui, novamente, a grande contribuição científica das pesquisas do neuroanatomista Harold Burr, em mais de 90 artigos científicos publicados. Enquanto estudava a forma de energia eletromagnética que existe em torno de animais vivos e plantas, deu especial atenção às salamandras. Nelas, pode perceber que o campo que as envolvia, independentemente da idade que tinham, possuía invariavelmente a forma do animal já adulto, e que esse campo possuía um eixo elétrico que se alinhava com o cérebro e a coluna vertebral do animal. Esmiuçando mais sua pesquisa, quis saber quando que esse campo elétrico se manifestava pela primeira vez. Investigou toda a embriogênese da salamandra e chegou à conclusão de que o mesmo eixo elétrico surgia já no óvulo não fertilizado do animal.

Podemos concluir, por sugestão, e Burr também o fez, que todo organismo, seja animal, seja vegetal, independentemente da fase de desenvolvimento em que se encontre, estaria predestinado a seguir um modelo de crescimento delineado pela forma registrada e gerada pelo campo eletromagnético individual do organismo. Tudo indica que esse modelo emerge do nível mais profundo da existência, o holograma quântico, formatando o campo com todas as informações necessárias à manifestação das formas.

No nível celular, o conceito holográfico de que toda parte contém o todo é muito bem representado pela réplica de DNA contida em cada núcleo. Como sabemos, cada uma das trilhões de células do corpo humano possui em si o potencial de construir um novo organismo total do zero. Todavia, o que modula este potencial, não só ativando e desativando genes, de modo que passemos de um grupo de células indiferenciadas em replicação para células de tecidos diferenciados feito músculos, ossos, sangue e nervos, mas também fazendo com que ocupem cada uma o devido lugar para materializar um corpo perfeito, não pode ser devidamente explicado até a consideração da existência de um molde tridimensional feito o campo holográfico quântico.

Antes mesmo da época em que Burr desenvolveu seu trabalho de pesquisa relacionado aos campos eletromagnéticos, a genialidade do padre brasileiro e gaúcho Roberto Landell de Moura (1861–1928), por volta de 1904, já inventara uma máquina capaz de fotografar um halo luminoso em volta do corpo humano, de plantas, de animais e objetos inanimados, realizando vários experimentos com ela. Hoje conhecemos essa prática e ciência como bioeletrografia.

Nas fotos, torna-se possível fazer análises sobre o psiquismo e o estado do organismo da pessoa com excelente precisão, inclusive revelando a gênese de doenças que ainda não se sinalizaram corporalmente na pessoa. Sugere-se aí que o estado do campo eletromagnético que nos envolve desde a concepção sinaliza ante as desordens que, caso não revertidas em tempo, somatizarão desequilíbrios no sistema fisiológico. E sua ausência estaria, comprovadamente, pareada com o estado de morte física, já que bioeletrografias de pessoas recém-falecidas apresentaram já pouca ou nenhuma luminosidade, mostrando que, ao se esvair a vida, o campo eletromagnético também deixa de envolver e interpenetrar o corpo biológico.

Existem atualmente outras máquinas mais complexas que fotografam ou criam representações, por meio de sistemas de *biofeedback*, do que seria o mesmo halo luminoso que circunda e interpenetra o corpo material visível de cada um de nós. Essas máquinas revelam, então, uma série de informações preciosas por meio de suas análises.

Por fim, mais recentemente, o físico alemão Fritz-Albert Popp (1938 – 2018) trouxe enormes contribuições científicas acerca do tema do campo luminoso sutil. Ele foi o criador da Teoria Biofotônica, aprofundando, dentro da Biologia Quântica como os fótons, nessa dinâmica, então, chamados por ele de biofótons, interagem com a dimensão biológica e expressam os padrões das células e dos tecidos.

Popp desvendou o mistério de como é possível que, sem qualquer erro, 100 mil reações químicas ocorram a cada segundo, dentro de cada célula, em um sistema como o corpo humano, que possui em torno de 100 bilhões de células. A resposta foi que apenas os fótons teriam velocidade suficiente para coordenar com precisão tantas reações químicas.

Foi postulado a partir daí que os biofótons são os pacotes de onda, de natureza holográfica, que transmitem as informações adequadas às células e aos organismos vivos, orquestrando o seu funcionamento bioquímico por meio de um padrão eletromagnético coerente e ultrafraco. Além disso, esse complexo sistema biofotônico comunica-se com a psique e é parcialmente modulado pela consciência.

Dizer que emissões ultrafracas de luz possuem tamanha importância e ainda possuem relação com a consciência é simplesmente sintetizar de forma científica e muito bela tudo que escrevi até agora e que ainda escreverei nos próximos capítulos deste livro. Precisamos ter todo o conhecimento possível sobre o campo sutil presente em nós para que possamos avançar como humanidade a um próximo nível de desenvolvimento.

Sem perder de vista os avanços da tecnologia por meio da Biofísica aplicada ao cultivo do bem-estar humano e planetário, não é sábio esquecer que, fora dos laboratórios, também podemos acessar o campo de informação luminoso, como apenas alguns poucos têm feito ao longo da história, por meio da caminhada em direção à hiperconsciência e experimentação da realidade graças às habilidades *psi*. Desenvolvendo o conjunto de percepções extrassensoriais, especialmente a clarividência para visualizar um pouco mais do que estamos acostumados, nossa percepção poderá aferir e interferir quando necessário e desejado no campo sutil da vida.

PARTE 2
O CAMPO SUTIL DA VIDA

Nesta segunda parte do livro, depois de grande revisão científica alicerçada nos pensamentos de alguns dos principais cientistas de todos os tempos, falarei sobre o campo luminoso de informação que permeia a tudo e todos, baseado no conhecimento adquirido no contato e estudo com *experts* no assunto, bem como nas minhas próprias experiências de percepção paranormal. Com linguagem talvez um pouco mais livre e exemplos cotidianos, apresentarei os pontos que considero mais relevantes, buscando manter a profundidade desse conhecimento que, por tanto tempo, esconderam de mim e de você.

DEFINIÇÃO DE AURA

Para muito além do universo dos laboratórios, a história da humanidade está recheada de relatos sobre a existência de um campo de luz sutil que circunda e interpenetra tudo que possui matéria. Pessoas em várias tradições espirituais milenares, sobretudo nas orientais, e mais recentemente na ciência ortodoxa – conforme pudemos ver nos tópicos anteriores deste livro –, buscaram e buscam entender, manipular e interagir com aquilo que popularmente conhecemos como aura.

Aura (do latim *aura*) significa sopro de ar, brisa ou aragem, provinda de determinado curso de água. Ela recebeu vários nomes através dos tempos, tais como campo astral, magnetismo, fluído elétrico, força ódica ou chamas odílicas, raios vitais, emanação bioplasmática, ch'i, ki etc.

Nas pinturas e esculturas europeias medievais, frequentemente encontramos as imagens de santos com auréolas em torno da cabeça ou nuvens luminosas resplandecendo a partir do seu corpo. Isso se repete em representações hindus, romanas, gregas e islâmicas de divindades e de grandes personalidades que passaram seus feitos à posteridade.

Em todas as culturas e perspectivas, de toda forma, parece estar sendo feita referência ao mesmo campo de energia. Seria esse conceito apenas uma representação fantasiosa? Não, pelo que vimos até aqui. E a aura pode ser detectada e aferida facilmente, não apenas por pessoas com habilidades paranormais, que as habilitam ver o envoltório de luz que se irradia de objetos e seres, mas também por meio de máquinas e aparelhos tais quais os usados pelos cientistas que já citamos no capítulo anterior.

Em seguida, ocupar-me-ei em aprofundar especificamente a configuração do campo de energia humano, imaginando que seja essa a mais instigante curiosidade de todos e todas nós. Ao menos para nós, que habitamos corpos humanos-padrão, o significado original da palavra aura parece caber muito bem, posto que se traduza feito emanação que provém de uma correnteza de água.

Após a concepção, somos cerca de 99% de água. Recém-nascidos, somos em torno de 90% de água. Na adultez, nossa estrutura física visível é composta de 70% de água. Mesmo em idade avançada, com tendência à desidratação, mantemo-nos sendo, no mínimo, 50% água. Portanto, existimos nessa dimensão física sobretudo feito água e por meio da água.

Assim como uma correnteza de água precisa mover-se para não apodrecer, nossos líquidos corporais precisam sempre estar em movimento, já que transportam fluídos para o nosso funcionamento vital. Além disso, a água tem a capacidade de copiar e memorizar informações. Em outras palavras, é comprovadamente um veículo de energia, que ajuda no intercâmbio de informações entre a nossa aparente materialidade e o campo luminoso sutil.

O grande cientista japonês Masaru Emoto (1942 – 2014) comprovou, com o auxílio da fotografia de moléculas cristalizadas de água, o impacto que diferentes tipos de vibração têm nelas. Foram percebidas diferenças qualitativas gritantes entre as amostras de água submetidas à poluição ambiental, a músicas caóticas, a palavras agressivas ou imperativas em forma sonora ou escrita, que resultaram em cristais malformados e fragmentados, e as amostras que vieram de fontes puras, expostas a composições de música clássica, bem como a palavras escritas ou verbalizadas de amor e gratidão, que, por sua vez, resultaram belos e simétricos cristais de água.

Em síntese, Emoto demonstrou exatamente o impacto que ondas de informação construtivas e destrutivas causam na matéria. Sendo água a composição de boa parte da realidade que conhecemos, incluindo os nossos próprios corpos, temos de encarar a importância fundamental de conhecer os campos sutis com os quais interagimos o tempo todo e o campo áurico, nosso molde vibratório, que embasa a existência de cada um de nós. Dar-se conta da existência do campo sutil, da maneira como ele se expressa e da maneira como pode ser modulado, pode trazer grandes benefícios ao nosso avanço evolutivo rumo ao autodomínio e à autorrealização.

EDUARDO JAQUES

A CONFIGURAÇÃO GERAL DO CAMPO DE ENERGIA HUMANO

Para além do entendimento semântico, que muito nos enriquece e aponta conhecimentos ocultados na história, pela perspectiva do nosso corpo visível, podemos definir a aura como um campo luminoso sutil que possuímos, por estar em volta de nós, e que nos possui, por estarmos permeados por ele e dentro dele.

Esse campo vibracional sustenta a vida e reflete características nossas que condizem com aspectos físicos, emocionais, mentais e espirituais. Possui variados tons, cores e tamanhos, que oscilam particularmente no ser humano em função dos diferentes estados de consciência experimentados. Animais, plantas e minerais apresentam, nessa ordem e em decrescente, menor ou nenhuma oscilação na sua formatação áurica.

Para visualizarmos essa diferença entre reinos, podemos pensar que um surto de raiva humano causa um reflexo no campo vibracional até certa medida semelhante à repentina fúria de um cão que se vê ameaçado e ataca. Em contrapartida, torna-se mais difícil comparar a expressão vibracional da raiva humana ou animal a qualquer rastro emocional que uma planta possa apresentar. Justamente pelo padrão de pureza na menor oscilação, alguns animais, mas principalmente as plantas e os minerais, têm ajudado a equilibrar os estados conscienciais da humanidade.

Nós, que oscilamos muito mais, nos tornamos um paradoxo formado por maiores dificuldades e maiores potenciais de avanço na evolução. A aura, que espelha tudo isso, geralmente reflete surpreendentes campos de múltiplas informações e vibrações, tanto físicas quanto psíquicas.

As vibrações físicas que constituem o nosso campo vibracional pessoal estão relacionadas ao campo holográfico quântico, que nos molda e que dá origem à microvibração eletromagnética constante nas células promovida pela presença dos biofótons. Se falamos em biofótons, os moduladores da vida, falamos justamente da luminosidade áurica sobre a qual dissertamos agora. Ela se estende, portanto, não apenas ao movimento celular, mas, antes disso, às moléculas, aos átomos e às partículas subatômicas que, em seus comportamentos quânticos, produzem oscilações e vibrações sutis, bem como a consequente luminosidade do campo da vida.

As vibrações psíquicas referem a tudo aquilo que é produzido no nosso campo mental, pensamentos ou emoções, tendo íntima relação com a característica eletromagnética da nossa aura. Nossa mente interage com e influencia o nosso campo biofotônico. Assim sendo, nosso campo áurico também acompanha o nosso estado de humor. Uma pessoa relaxada possui um campo diferente de uma pessoa com alto nível de estresse, assim como uma que relata experimentar alegria e satisfação possui um campo totalmente diferente de outra que esteja experimentando a depressão, e assim por diante.

Outro aspecto importante da configuração do campo sutil é que ele geralmente é percebido disposto em diferentes camadas, algumas internas, e a última classificada como externa por estar no limiar da aura individual com o universo à volta. Cada região luminosa reflete informações bastante específicas que estão contidas em si.

TAMANHO E CORES DA AURA

Quando uma pessoa que tem a habilidade de enxergar o campo luminoso sutil observa alguém, geralmente relata a presença de uma aura ovoide tridimensional e imperfeita em volta do corpo físico. O campo é imperfeito na sua forma pelas oscilações que se mantêm a todo o momento, conforme explanei anteriormente.

O seu tamanho também é diferente em cada pessoa, e na mesma pessoa poderá ser diferente em outro momento conforme seu estado físico, mental e espiritual cambiante. De modo geral, quanto mais saudável uma pessoa é, maior, mais nítido, mais brilhante e mais perfeito será o campo áurico. Concluindo o óbvio, a aura de uma pessoa desarmonizada não tenderá a essas características.

A parte do campo vibracional que envolve a cabeça do ser humano geralmente é percebida de forma mais fácil do que as outras partes. A região resplandece com grande luminosidade, pois o sistema nervoso central possui um grande fluxo de energia vital, e o cérebro é uma espécie de luzeiro que alimenta as demais partes da nossa corporeidade.

Quem consegue observar o campo nota também a presença de cores. As mais comuns são dourada, azul, violeta, lilás e prateada. Há também as que irradiam cor verde, laranja, amarela, branca, ultravioleta, rosa e vermelha. Cada uma dessas cores possui um significado, pois são informações que se traduzem em frequências eletromagnéticas visuais e que corroboram com o estado evolutivo do ser que vibra os aspectos peculiares ao seu momento evolutivo e à sua consciência.

A cor dourada representa uma grande evolução de consciência já iniciada, possivelmente desde antes da concepção referente à vida atual, pautada no amor ao próximo. As pessoas que a possuem são bastante espiritualizadas, afetuosas, compreensivas e transmitem positividade. Não é raro encontrarmos o dourado na aura de pessoas que possuem experiências com telepatia, premonição, clarividência e demais habilidades extrassensoriais. Essa cor pode permanecer a vida toda no campo, mudando apenas por meio do aumento vibratório causado pela evolução mental e espiritual.

A cor azul, quando presente na aura, dá certa estabilidade à pessoa, que assim vibra por até dois anos. Quando temos problemas na saúde, no emocional ou no financeiro, podemos escolher vibrar nessa cor, e assim tudo se modulará para o positivo. No entanto, passado até o limite de dois anos, a pessoa precisará gerar outra frequência para si, do contrário, entrará em um ciclo de altos e baixos com predominância de situações negativas. Tudo o que se pensar e desejar realizar poderá acontecer exatamente ao contrário. As perturbações começarão a ser sentidas na seguinte ordem: área financeira, campo dos sentimentos e saúde.

Os adoecimentos típicos que acontecem em quem ficou por mais de dois anos vibrando na frequência do azul são diferentes conforme o gênero. Em homens, são comuns as somatizações no estômago, na cabeça, nos rins e na próstata. Já nas mulheres, seios, útero, garganta e sistema hormonal.

Já vermelho na aura, diferentemente do azul, possui uma vibração muito mais segura para o atual momento planetário – curiosamente, e é claro que divirjo profundamente, essa informação costuma ser propagada de forma inversa por alguns daqueles que se dizem estudantes do campo de energia humano. Normalmente, o azul acaba sendo associado ao avanço evolutivo, e o vermelho, ao interesse exclusivo, limitante e desarmonizante por experiências e valores que não contemplam a transcendência do eu – ou seja, seria a cor daqueles que só se ocupam com o que é mundano. No entanto, essa perspectiva não é verdadeira, conforme o que pude estudar e vivenciar até agora.

Em verdade, ao observarmos pessoas que expressam o vermelho abundantemente em suas camadas áuricas, encontramos nelas forte paranormalidade, inclusive de efeitos físicos, como entortar metais e outras atuações na matéria, bem como a habilidade de concretizar tudo o que for concebido em suas mentes. Geralmente, atraem muita atenção por possuírem a energia sexual muito acentuada, que é o combustível de criação para tudo na vida e nos confere grande influência mental.

Quando a pessoa irradia somente a frequência luminosa vermelha sem outro complemento que se relaciona à espiritualidade, como a dourada, isso não significa que a pessoa não possui ou é deficiente nas características dessa última. Ao contrário, o vermelho sozinho expressa que a pessoa já atingiu pleno equilíbrio entre a evolução da sua mente e a evolução do que geralmente se atribui ao âmbito espiritual – trata-se aqui, em parte, justamente do aumento de vibração que falamos há pouco, que pode cambiar a aura dourada de quem prossegue sua evolução.

Temos na cor violeta a vibração da mudança, da transformação e da reciclagem. Quem vibra nessa cor consegue com facilidade realizar mudanças de qualquer coisa: emprego, casa, projetos em geral etc. Particularmente, lembro-me de já ter visto uma pessoa que estava prestes a realizar o sonho de trabalhar com danças árabes no exterior vibrando completamente nessa cor.

Há clarividentes que alegam, por exemplo, que mulheres grávidas ficam ao menos com parte do campo áurico vibrando no violeta. Certamente, a maternidade figura entre um dos momentos humanos em que mais se vivencia mudanças biológicas, psicológicas e vibracionais.

A pessoa que tem a vibração violeta também é considerada uma recicladora de energia, pois pode mudar para positivo instantaneamente a vibração de seres e ambientes. É também a cor de aura daqueles que conseguem produzir fenômenos paranormais de materialização e desmaterialização, podendo mantê-la a vida inteira no seu campo luminoso.

A cor lilás faculta características parecidas à violeta no aspecto vibratório, com grande ênfase na realização financeira. Favorece a atração de bens materiais, dinheiro, avanço profissional e sucesso em projetos. Se você não tem hoje a habilidade de ver a aura e conhece uma pessoa que parece receber tudo nas mãos, sem esforço, sugiro que leve em consideração a grande possibilidade de que ela tenha a sua aura total ou parcialmente em tom lilás.

Se estivermos passando por problemas financeiros importantes e que parecem ser difíceis de resolver, precisamos gerar a vibração do lilás na nossa aura, pois ele é a única cor que facilita a realização nesse aspecto. Nem toda a aura precisaria ficar lilás, mas com pontos desta cor. A partir disso, já poderíamos programar mentalmente o que gostaríamos de ter solucionado na nossa vida.

A presença do lilás traduz também uma pessoa que busca o autodesenvolvimento e que possui alto grau de espiritualidade. Em um período aproximado de cinco anos após ter surgido, o constante dessa cor tende a sair do campo luminoso, independentemente da evolução do ser, transformando-se em violeta.

No que tange a processos de cura e autocura, a aura assume vibração de cor verde. Pessoas que estão tendo sua própria cura, motivada por alguém ou por si mesmas, podem apresentar energia dessa cor no lado esquerdo do seu campo. E as pessoas que têm vibração de cura para doação armazenada, ou que estão curando alguém, manifestam-na em seu lado direito. Aqueles que possuem potencial para promover cura e imunização à distância manifestam a vibração verde, não só nas laterais do seu campo, mas de forma generalizada em todas as camadas áuricas.

    Assim como as demais vibrações que propiciam sucesso em determinadas áreas da vida podem ser geradas intencionalmente, se você deseja ter um aumento da imunidade, corrigir o funcionamento de alguma glândula, algum órgão ou sistema, eliminar algum bloqueio emocional que lhe causa problemas, você precisa trabalhar gerando o verde na sua aura. E não pense que isso é só para quem nasce com determinado "dom". Na verdade, o potencial para promover cura e autocura está presente em praticamente todos nós, esperando apenas para ser usado e direcionado conscientemente com o auxílio da nossa vontade.

EDUARDO JAQUES

A AURA PRATA E O NOSSO DNA

Já tendo falado sobre a maioria das cores que geramos no campo luminoso e seus respectivos atributos, separo a cor prateada neste tópico específico para lhe dar especial ênfase. Em relação à humanidade em geral, aqueles que conseguem manifestá-la como tom da sua aura representam o próximo passo da evolução, com melhorias intracelulares em curso.

A aura prata passou a se manifestar na Terra, de forma ostensiva, em muitos dos nascidos a partir do dia 2 de janeiro de 1971, quando este mundo começou a receber banhos de luz irradiados por tecnologias fotônicas de dimensões superiores, que modulam positivamente o DNA. Essa alteração no DNA seria aquela responsável, por exemplo, pela manifestação crescente dos fenômenos nomeados anômalos, não ordinários ou paranormais, que são promovidos e vivenciados por pessoas em todos os lugares, bem como pela consequente mudança de consciência e percepção, pelo fortalecimento orgânico, pela desaceleração do envelhecimento e pela regeneração das células.

Antes da referida data de 1971, a cor dourada na aura era a das pessoas com maior desenvolvimento vibracional e consciencial. As que nasceram antes de 1971 poderão, no entanto, modificar o seu campo pessoal e atualizá-lo para prateado por meio da evolução mental e espiritual e da visualização das tecnologias luminosas vindas das realidades paralelas. Se possuíam sua vibração luminosa no tom dourado, azul, lilás ou violeta, também já demonstravam alterações genéticas diferenciadas, podendo atingir a importante atualização de energia, conforme exposto neste tópico.

Quando pensamos na microvibração celular como um dos primeiros apoios de grande escala na gênese da irradiação luminosa sutil que forma a aura, no caso da manifestação prateada, poderíamos considerar como se as próprias já densas células que nos constituem estivessem se tornando menos materiais e mais luz radiante – e, para além do didatismo metafórico, de fato estão. Portanto, essa cor representa uma estabilização geral da energia de quem a possui na aura e traz em si os benefícios de todas as demais cores anteriormente citadas, conferindo grande autocontrole emocional e proteção.

AURA INTERNA E AURA EXTERNA

Outra classificação que pode ser feita para melhor interpretarmos e visualizarmos a nossa aura é a repartição entre a área interna e área externa dela. Cada uma dessas áreas traz informações específicas, conforme a sua expressão luminosa.

A aura externa é justamente aquela luminosidade que observamos contornando o corpo, podendo variar de poucos centímetros até vários metros na sua espessura. De forma geral, reflete nosso momento evolutivo, a personalidade, o nível mental e a forma com que os nossos pensamentos atuam no mundo material. É a ela que nos referimos ao falar das propriedades vibracionais das cores nos tópicos anteriores. Ou seja, as cores citadas nos conferem suas determinadas características quando são geradas nessa área externa da aura.

Temos também a misteriosa aura interna. Enquanto na externa mostramos o que vibramos conforme a nossa personalidade – que corrobora, dentre outras coisas, com a ideia representativa de um eu social, visível e superficial –, na interna, temos a sede da nossa mente e da nossa consciência. Essa luminosidade geralmente se expande para em torno de 10 centímetros além da borda do corpo e é também pouco visível para a maioria das pessoas.

A sua maior proximidade espacial e visual com o corpo físico justifica o acesso que podemos ter, por meio da sua visualização, a informações não só sobre a nossa consciência como também sobre a nossa saúde. Pontos de oscilação coloridos, que podemos ver pela captação das luzes sutis, traduzem uma série de informações.

Quem tem na sua aura interna pontos de luz vermelha, por exemplo, pode estar sofrendo de processos inflamatórios ou de infecção. Esses pontos podem aparecer sobre a região de um ou mais órgãos, nos vórtices de energia correspondentes.

Quando forem pontos espalhados e descontínuos, indicarão que o processo é inicial. Se os pontos forem claros, indicarão falta ou excesso de energia na região correspondente, denotando vulnerabilidade e que por ali poderão entrar agentes patogênicos ou outras vibrações negativas desarmonizadoras. Quanto mais intenso for o vermelho, mais grave será o quadro do adoecimento, podendo ser essa, inclusive, a contraparte luminosa sutil até de um processo cancerígeno que já está se manifestando no corpo físico.

Certa vez, olhando o campo vibracional de um amigo, pude ver uma massa luminosa de cor vermelha clara sobre a região do seu baço. Deduzi que ele poderia estar com problemas de imunidade e indaguei-o se esse era o seu caso. Com os olhos arregalados de espanto, ele me perguntou como eu sabia, pois era justamente o que ele estava vivenciando.

Em outra ocasião, quando estava mexendo no campo vibracional de uma paciente, de repente vi sobre a região do seu fígado uma massa luminosa vermelha, um pouco mais escura do que a do exemplo anterior. Após o atendimento, perguntei se ela estava percebendo algo de estranho relacionado ao seu órgão. Aparentemente, não havia nada acontecendo.

Passei meses sem ter notícias depois disso, até que um dia seu marido veio fazer uma sessão de tratamento bioenergético comigo. Só então fiquei sabendo que, pouco tempo depois da sessão em que eu alertara sua esposa, ela realizara exames de rotina descobrindo que seu fígado não estava com a forma-padrão de órgão. Chegaram a suspeitar de câncer hepático, mas, felizmente, a continuidade dos exames demonstrou que se tratava de um quadro de esteatose (gordura no fígado) – um tanto preocupante, porém mais facilmente reversível.

Seguindo nas codificações que a aura interna pode revelar-nos, chegamos aos pontos azuis. Eles representam doenças também, mas de ordem psicológica. Podem ser mágoas, conflitos familiares, fobias etc. Também quando a pessoa é alvo de inveja, do popularmente chamado "olho gordo" ou de trabalhos de magia ritual, ela pode até não ser afetada, mas a aura registrará como pontos azuis escuros o contato com essas emanações classificadas como astrais. Esses registros poderão permanecer por toda a vida no campo energético, caso a pessoa não faça nenhuma reciclagem.

Pontos azuis também podem manifestar-se especialmente nas regiões correspondentes aos principais vórtices de energia do corpo, os famosos *chakras* que abordaremos detalhadamente mais adiante. Caso a pessoa manifeste esses pontos azuis na região do vórtice plexo solar, localizado na região alta do abdome, significa que ela está muito abalada emocionalmente e poderá precisar converter sua vibração para o positivo novamente, mediante alguma técnica específica ou a intervenção de terceiros.

Possuir essas oscilações azuis na região do vórtice de energia laríngeo, que se manifesta a partir do centro do pescoço, pode significar que a pessoa terá problemas de garganta ou nas regiões adjacentes. Talvez infecções ou inflamações, como quando com manifestação de pontos vermelhos, mas que, nesse caso, terão suas raízes causais no psiquismo. Isso, claro, é apenas uma das possibilidades. É certo pensar que oscilações com pontos azuis também possam facilitar a manifestação de sintomas físicos em outras regiões do corpo.

Em dado episódio, quando fui trabalhar o campo áurico de um amigo, vi a vibração azul oscilando na sua garganta. Após o breve atendimento, perguntei se ele estava com algum desconforto na região, o que foi prontamente negado por ele. No dia seguinte, no entanto, ele veio me dizer que a disfunção que eu vira no dia anterior estava começando naquele instante como dor de garganta.

Em casos em que a aura interna apresenta como codificação pontos de luz na cor verde, o significado é que a pessoa está passando por algum processo de autocura sistêmico ou nas adjacências da região em que foram visualizados. A cor verde é a que geralmente precisamos gerar para qualquer manipulação vibracional que possui finalidade de equilibrar a saúde, conforme já dito anteriormente.

Há ainda os pontos luminosos rosas e dourados, que são codificações do estado emocional e da evolução pessoal conquistada. Quando manifestamos o rosa, pode-se relacionar isso à presença de vibrações amorosas no nosso campo áurico interno, logo na mente e na consciência. Já o dourado está, assim como na referência relacionada à aura externa, ligado a características de alta espiritualidade.

Temos a possibilidade de gerar a presença harmonizadora de pontos luminosos nesta área do campo interno, que agregam à nossa evolução, conforme nossos desejos e necessidades. Como seria ter mais facilidade para manifestar e atrair mais benefícios materiais, mais amorosidade e mais espiritualidade? Bastaria conseguir imprimir na aura pontos de luz lilases, rosas e dourados, respectivamente.

Quem consegue visualizar o campo biomagnético sutil poderá perceber, ainda, a presença de pontos negros na aura externa. Eles serão sempre motivação para cuidados maiores, pois a pessoa que assim se apresenta está vibrando de forma bastante desarmonizada. Não são irradiações luminosas em si, como o próprio conceito do espectro visível de cores nos sugere em relação à cor preta, mas vazões ou ausências de energia – verdadeiros buracos áuricos.

Mesmo que você seja uma pessoa que não consegue ver o campo luminoso sutil de alguém, conseguiria imaginar como se sentiria perto daquele que se configura cheio de pontos negros? A causa desse estado na aura será retomada mais adiante, em capítulo específico.

CAMADAS DA AURA

Até agora vimos que a aura se divide nas áreas externa e interna. Vimos também sobre variadas frequências coloridas que se manifestam nessas áreas e que se traduzem numa série de codificações que podem ajudar a compreender mais sobre nós mesmos e sobre aqueles que estão ao nosso redor. Outra questão importante sobre a constituição do nosso campo vibracional é a de que ele se compõe e dispõe em camadas.

As camadas da aura são geralmente numeradas em sete, sendo as seis primeiras constituintes da área interna, e a sétima constituinte da área externa. Cada uma está relacionada a uma etapa de evolução, a uma glândula ou um órgão e a determinadas funções.

O tamanho das camadas reflete o nível evolutivo das pessoas. Quando cada uma varia de 1 a 3 centímetros de espessura, o indivíduo se encontra num estágio evolutivo mediano. E quando a espessura das camadas ultrapassa 3 centímetros, é indicativo de um avançado estágio evolutivo.

Cerca de dois terços da população mundial nascem e morrem com o mesmo tamanho áurico, cerca de 21 centímetros apenas. O terço restante é representado por aqueles que começaram a interagir com as luzes de dimensões superiores, e elas lhes conferiram a frequência da cor prateada à aura a partir de 1971, conforme já dito em outro tópico, tanto no momento dos nascimentos quanto em dada altura da evolução pessoal de cada um.

Essas pessoas com a sétima camada da aura na cor prateada não possuem limites na propagação da sua energia e, quanto mais interagirem com as luzes, poderão chegar a ter seus campos pessoais expandidos em centenas de metros ou mesmo centenas de quilômetros. Essa perspectiva poderia ajudar-nos a entender, calcados nas características vibracionais de cada um, o porquê de tantas pessoas serem popularmente conhecidas como sem "brilho", enquanto outras, em menor número, ficam conhecidas e até mesmo marcam a história por seu carisma, múltiplos dons e por sua "mente iluminada".

A seguir, descreverei com detalhes as camadas do campo vibracional. Baseado nas descobertas do pesquisador Urandir Fernandes de Oliveira, elas são assim nomeadas, da mais interna a mais externa, ou seja, da primeira à sétima: Emocional, Astral, Físico, Extrafísico, Mental, Polaridades e Proteção.

A primeira camada do nosso campo sutil pessoal reflete informações do nosso emocional e está relacionada à tireoide. A ciência considera a emoção como uma resposta fisiológica inconsciente aos estímulos que recebemos e o sentimento como a experiência consciente de uma emoção, com interpretação e significado atribuídos a ela. Essa camada áurica é a primeira que precisamos sempre analisar e trabalhar para que esteja equilibrada, sendo a faixa de energia mais interna e que pode desestabilizar todas as outras de forma direta ou indireta.

A segunda camada é a que está relacionada ao nível do astral e possui relação somática com as amigdalas da garganta. Nesta camada, vemos refletidas as informações sobre o nosso estado espiritual, ou, como se diz popularmente, aqui podemos ver como está o nosso astral. Quando a temos em equilíbrio, não somos afetados pelos seres conhecidos comumente como obsessores, nem por outros processos considerados também da faixa de frequência astral, como inveja, "olho gordo", magias rituais etc.

A terceira camada é a relacionada ao físico, possuindo relação com o pâncreas. É nela que vemos os códigos luminosos relacionados a todo o nosso processo de metabolismo e reações bioquímicas do corpo. Trata-se da camada que reflete especificamente nossa energia vital e o estado de saúde corporal. Todas as toxinas que ingerimos, sobretudo por meio da nossa alimentação, costumam causar perturbações especialmente neste nível do campo sutil, bloqueando o livre fluxo de energia. Esta camada também recebe bastante influência da primeira e da segunda camadas, corroborando que as emoções e os intercâmbios astrais influenciam o físico.

A quarta camada é relacionada ao extrafísico, ou seja, tudo que se conecta além da realidade física, em frequências mais aceleradas, e está relacionada às percepções extrassensoriais. Por meio das habilidades e informações nesta camada, podemos fazer projeções para outras dimensões além do conhecido astral, contatando seres de avançada evolução. No corpo, esta camada possui conexão com o apêndice.

A quinta camada luminosa do nosso campo sutil é a que corresponde ao campo eletromagnético em si e ao nosso aspecto mental. Possui relação com as glândulas pituitária e pineal. Pessoas que desenvolvem a manipulação dessa camada áurica, por meio da aceleração das ondas mentais, são capazes de interações paranormais com a matéria, provocando fenômenos extramotores e tendo grande influência sobre outras pessoas.

A sexta camada é chamada de Polaridades pelo fato de expressar se o ser possui polaridade masculina ou feminina, o que também determina a direção do fluxo vibracional da aura e sua compatibilidade para a fusão de energia com alguém de polaridade oposta. Reflete a energia de todas as glândulas do corpo e possui especial relação com as glândulas adrenais.

A sétima e última camada, também chamada de aura externa, está diretamente relacionada com a nossa proteção pessoal, sendo o limite do nosso contato com o meio ambiente. Quando esta camada está equilibrada, preferencialmente vibrando na cor prateada, nada nem ninguém pode afetar negativamente nossa energia pessoal, funcionando feito um verdadeiro escudo, e possibilita acessarmos fisicamente outras realidades. No corpo, possui estreita relação com o fígado, órgão responsável por mais de duzentas reações químicas do organismo.

Há casos especiais em que pessoas desenvolvem mais camadas da aura, indo além do número de sete. Conforme a evolução do ser, assim como se tornam mais favoráveis as cores e a espessura do seu campo luminoso sutil, ele pode duplicar ou triplicar as camadas da sua energia, passando a ter 14, 21 etc. O número aumentado de camadas do campo reflete uma grande expansão da energia pessoal, grande carisma, potência mental, estabilização do emocional e proteção.

As ondas mentais, importante marcador físico do nosso estado de consciência e percepção, quando entre 9 e 14 Hz, o comumente atingido no estado de vigília, costumam ter relação com as informações e possibilidades da primeira à terceira camada do campo sutil. Isso quer dizer que dois terços da humanidade estão na fase de evolução referente ao emocional, ao astral e ao físico somente, não tendo condições de passar adiante disso e desenvolver outras frequências do seu campo sutil de energia.

Da quarta camada à sétima, as ondas mentais correspondentes são as conhecidas como *beta* e, principalmente, as ondas *gama*. Quanto mais aceleramos nossas ondas mentais, mais vamos em direção à consciência unificada e à percepção não local, que na aura se traduz pela entrada nas habilidades referentes à estimulação da camada extrafísica até a camada da proteção.

Quando nossas ondas mentais estão lentas, nossa aura fica menor, modulada de forma lenta, e somos capazes de influenciar um raio de apenas 6 ou 7 metros à nossa volta. É como se ficássemos limitados dentro do nosso interior.

A partir de 15 Hz de frequência mental já estamos estimulando a camada extrafísica do nosso campo sutil. Ainda atuamos mais dentro do raio máximo de 7 metros, mas já podemos trabalhar todo o conjunto de percepções extrassensoriais que, em vigília comum, seriam impossíveis.

De 21 Hz em diante, a camada eletromagnética passa a facilitar o desprendimento de energia numa intensidade tal que pode ser vista a atuação da mente sobre a matéria, como nos fenômenos extramotores da psicocinesia, telecinesia e *poltergeist*. Quando nossas ondas mentais se aceleram mais ainda, passamos a interferir de forma quântica, não local, e aí nosso campo luminoso sutil é modulado para expandir sua influência além do tempo-espaço.

Uma boa forma de ilustrar o impacto das diferentes ondas mentais no campo áurico e na percepção pode ser o teste de telepatia. Uma pessoa na frequência *gama* pode captar pensamentos à longa distância, como de uma pessoa do outro lado do mundo, justo pela expansão do seu campo áurico. Enquanto outra pessoa que está modulada em *alfa* pode captar pensamentos apenas de uma fonte emissora numa distância de até 7 metros de si, como, por exemplo, de alguém presente fisicamente na mesma sala.

O mesmo pode ser aplicado à própria visualização do campo sutil. Ao olhar a silhueta de alguém, a pessoa modulada em ondas lentas terá uma percepção menor do campo de luz em volta do corpo ou nem perceberá nada. Quando maior a aceleração das ondas mentais de quem observa, maior será a nitidez da aura observada.

MOVIMENTO E DIREÇÃO DO FLUXO DE ENERGIA NA AURA

Dentre as várias características comuns que estou apresentando sobre o campo vibracional que nos constitui, uma das mais importantes é a direção dos fluxos de energia. Assim como nos demais capítulos desta parte, não há um entendimento unificado ao qual poderíamos fazer referência exclusiva. Portanto, com base no que estudei até agora em várias fontes, tentarei novamente apresentar uma boa síntese dentro daquilo que me pareceu mais provável mediante as experiências pessoais e pessoas próximas.

Se o campo da aura vibra a todo o momento, quais direções seriam tomadas por esses fluxos? Inicialmente, podemos dizer que há uma variação conforme o gênero biológico. Ao visualizar um corpo humano à nossa frente, em uma posição frontal similar à posição ortostática, postulamos que a energia da forma áurica à volta do homem naturalmente circulará em sentido horário, e a da mulher circulará em sentido anti-horário – e isso é definido mais especificamente pela sexta camada do campo áurico, também chamada de Polaridades.

Se o sentido lateral em que a energia se movimenta e circula varia conforme o gênero, concluiremos, em seguida, que as polaridades vibracionais, que são essencialmente diferentes entre homens e mulheres, podem ser reconhecidas como assinaturas específicas que se expressam nesse movimento. Vale lembrar que as diferenças biológicas, na dimensão universalmente observável do corpo, serão definidas antes pela programação vibracional já detectável e presente desde as células reprodutoras, que gerarão a nossa instância física e que são orientadas pelo campo holográfico quântico.

O homem é conhecido nas doutrinas espirituais orientais como mais pertencente ao aspecto *yang* e está relacionado à polaridade positiva. A mulher é conhecida como pertencente mais ao aspecto *yin* e está relacionada à polaridade negativa. O encontro sexual entre as duas polaridades, positiva e negativa, assim como entre os fluxos vibracionais horários e anti-horários, gerará a frequência neutra por meio da qual poderão criar tudo o que quiserem na matéria – inclusive uma nova vida que se manifestará numa ou noutra polaridade.

A espiritualidade oriental sugere ainda que todos têm em si, embora a polarização, elementos da energia *yin* e *yang*. Isso está plenamente demonstrado no símbolo *Yin-Yang* do taoísmo, que expressa a dinâmica do essencial da vida.

É sabido que esse jogo dual também se expressa no corpo biológico, por meio, por exemplo, da dinâmica hormonal. Alterando-se a quantidade de hormônios ligados à constituição sexual, pode-se até alterar o corpo a ponto de moldá-lo com características do sexo oposto.

A Psicologia analítica de Jung também concorda e sugere que, na estrutura psíquica de todos nós, há um jogo de complementaridade constituído por dois arquétipos que se relacionam a tendências inconscientes do masculino e do feminino. Ou seja, os homens possuem características da psique feminina no seu inconsciente, que podem ser integradas como potenciais manifestados na consciência predominantemente masculina. E as mulheres possuem características da psique masculina no seu inconsciente, podendo fazer o mesmo processo de integração.

A organização universal das polaridades proposta pela sabedoria oriental, pela Psicologia analítica e por outras fontes, vai além da orientação sexual que cada um apresenta. Trata-se da complementação entre positivo e negativo, masculino e feminino, que existe em nós e que devemos buscar ao nos juntarmos em pares.

É importante observar, no entanto, que o modelo de fluxo lateral polarizado que estou apresentando pode interferir diretamente sobre o desejo sexual. Assim sendo, quem vibra em sentido horário tenderá a se atrair por quem vibra na polaridade oposta à sua, ou seja, em sentido anti-horário, e vice-versa.

Na história da ciência, tivemos inúmeras contribuições sobre o entendimento da gênese da sexualidade. Tal como extensamente debatido na nossa contemporaneidade, sabemos que essa vai muito além do biológico. E aqui estou fazendo ainda o acréscimo da polarização gerada pelo fluxo bioenergético, tornando o quebra-cabeças mais complexo.

Dentro da Psicologia, a teoria universalmente mais bem aceita parece ser a de que o sujeito se orienta sexualmente conforme as primeiras vivências afetivas que tem na vida, principalmente as que ocorrem até por volta dos 6 anos de idade. Um segundo momento dessa orientação acontece no início da adolescência, quando a sexualidade volta à cena pela maturação do psiquismo e do corpo, mediante a ativação hormonal.

No sentido do desejo sexual pelo outro complementar, se a pessoa fixa sua polaridade vibracional em um padrão diferente da estrutura biológica e assim se mantém por ao menos sete anos, não conseguirá mais alterá-lo, pois cada ano equivalerá a uma das sete camadas áuricas, e toda sua energia terá sido programada assim. Como é esperado que o sujeito expresse plenamente a sexualidade construída por volta do fim do segundo ciclo, ou mesmo iniciando o terceiro ciclo de sete anos, a orientação sexual permanecerá sempre a mesma. Poderemos até mexer na nossa polaridade no futuro, durante a vida adulta, todavia sem alterar nossa sexualidade.

Há casos também em que ocorre uma inversão do fluxo de forma momentânea, pontual e não biográfica, causada por episódios específicos de grande estresse e não tendo efeito sobre a sexualidade. Com a polaridade invertida dessa forma, a pessoa poderá vivenciar muitas oscilações emocionais, criando vazões na aura e atraindo para sua vida exatamente o oposto daquilo que programou e desejou.

Outro ponto importante na questão do fluxo lateral polarizado é que, ao longo de todas as vidas, cada um de nós sempre teve o mesmo gênero biológico que tem atualmente. Isso quer dizer que quem hoje nasceu homem, em outras etapas, também o foi. E quem nasceu mulher também foi mulher em outras existências. Em ambos os casos, homem e mulher continuarão sendo, respectivamente, homem e mulher nas vidas futuras.

Desde as eras remotas, quando passamos a existir de forma individuada, existimos posicionados em uma das duas polaridades, positiva/masculina ou negativa/feminina. Nenhum de nós perderá sua condição original, ao menos enquanto estivermos em realidades nas quais a dualidade é a lei.

Quanto a essa minha afirmação, alguns poderão tentar contrapô-la dizendo que, em regressões, muitas pessoas se veem como vivendo em corpos com gênero diferente do atual. Essa observação é bastante sagaz, entretanto por minha vez questiono: ao fazer uma regressão, captamos a condição física da outra vida ou as informações, vibrações e energia referentes a ela? Concluindo o óbvio de que a segunda alternativa é a correta, voltamos à premissa anteriormente proposta de que cada gênero tem originalmente uma polaridade vibracional correlata e específica, que pode ser invertida na experiência terrestre.

Assim, acaso tenhamos vivenciado vidas em que tivemos nossa polaridade invertida, por que haveríamos de, numa regressão, captar imagens de gênero correlatas ao corpo? Se eu sou homem, faço uma regressão e me vejo mulher em uma vida anterior, o que ocorre é que, naquela vida ou naquele momento daquela vida, eu estava com o fluxo áurico invertido, girando em anti-horário, ou seja, vibrando feito um campo feminino.

Em relação às regressões, há ainda outras hipóteses para os conteúdos emergentes, como a captação das histórias dos nossos antepassados, que estariam ancoradas nos nossos traços genéticos, ou mesmo a simples captação da história de alguém que não foi uma encarnação anterior nossa, mas que existiu de fato. Nesse segundo caso, o nosso transe possibilitaria colher tais informações da noosfera – a mente coletiva que guarda tudo o que foi, é e será pensado no nosso mundo.

Uma terceira hipótese poderia ainda ser a captação de uma vida acontecendo em alguma realidade paralela simultânea, uma perspectiva que me parece especialmente afinada com a descoberta da multidimensionalidade proposta na Física Quântica. Fato é, sobretudo, que captar informações de vidas anteriores nossas, vidas de antepassados, outras vidas registradas na noosfera, ou mesmo vidas de realidades simultâneas, tem duas coisas em comum: primeiro, todas são possibilidades consideráveis; e segundo, nenhuma delas implica a necessária alteração do nosso molde corporal e sua consequente assinatura vibracional de uma vida para outra.

Anteriormente já comentei sobre o quanto é importante o sistema nervoso central para o que tange não só ao corpo físico, mas também e sobremaneira como referência ao corpo áurico que precede, nutre e dialoga com esse. Além do fluxo lateral em sentido horário ou anti-horário, separado por posições de gênero e polaridade, temos também os movimentos descendentes, ascendentes, captadores e emissores da bioenergia.

Aqui continuo fazendo valer múltiplas referências, sempre na busca de um modelo de entendimento o mais universal possível sobre nosso campo vibracional. Assim, tomando o corpo como ponto de partida, podemos dizer que a energia vital parte da cabeça, na qual está o cérebro, órgão no qual se debruça a mente e que atua como centro integrador das experiências, e vai em direção aos pés depois de ter percorrido tal caminho pela frente do corpo. Segundo a Psicologia Corporal, essa é a direção não só do nosso desenvolvimento corporal, como do nosso desenvolvimento psicológico.

Dos pés, por sua vez, fluxos de energia ascendem em direção à cabeça. As vibrações em ascensão passam pela parte posterior do corpo e atingem a região do crânio, podendo iniciar, em seguida, o movimento descendente esperado na sequência.

Temos, também, a capacidade de absorver energias externas, provindas de inúmeras fontes – alimentos, outras pessoas, animais, solo, plantas, sol, lua etc. – e exalamos energias ao ambiente, que podem ser observadas sendo emanadas do complexo sistema nervoso autônomo do nosso corpo, principalmente do coração e dos intestinos, bem como do sistema nervoso central, representado, principalmente, pelo encéfalo.

Há pesquisas científicas que alegam que possuímos mais dois cérebros no corpo, e são justamente os órgãos que acabamos de citar como grandes dinamizadores e emanadores da energia vital. Fora do complexo encefálico, o intestino seria o único órgão a possuir o mesmo número concentrado de neurônios que temos na cabeça. Em último lugar, por contagem de neurônios, e não por menor importância, o coração, com cerca de 40 mil células nervosas, pode ser considerado o nosso terceiro cérebro.

Sabe-se também que o coração começa a executar suas funções muito cedo durante a gestação, pois se forma cerca de 21 dias após a fecundação, antes mesmo que o encéfalo esteja formado, e isso se deve justamente à inteligência cardíaca. Vale dizer que o coração gera som, calor e um grande campo eletromagnético facilmente detectável.

Esse campo é o maior campo de energia gerado por um órgão no corpo, 100 vezes mais poderoso do que o campo gerado pela máquina eletromagnética dentro do nosso crânio. Sendo detectado em um raio de 2,5 até 3 metros de distância, com seu centro ancorado no coração, seu formato é o toroidal – algo feito uma rosquinha ou o pneu de um carro.

O cérebro cardíaco, tendo esse campo eletromagnético tão mais intenso, influencia muito mais o encéfalo do que é influenciado por ele. Aliás, quando o coração bate, cada uma das células do nosso corpo recebe a repercussão dessa batida não só pelo transporte final dos nutrientes que vão pelo sangue, mas também pela frequência eletromagnética praticamente instantânea que se lança sobre elas.

Para nossa energia, portanto, o coração parece ser o brilhante maestro que nos rege desde a gestação até a vida madura. O conceito de coerência cardíaca entra muito bem aqui, entendendo que a sincronicidade harmônica entre a pressão arterial, a frequência cardíaca e a frequência respiratória não será somente responsável pelo combate a estados patológicos e psicopatológicos. Essa sincronicidade também será responsável, ao menos em boa parte, por corrigir ou manter moduladas as múltiplas frequências vibratórias que geramos no nosso campo áurico, por meio do campo eletromagnético toroidal manifestado.

Não é à toa que, a despeito dos neurocientistas que insistem alegar que o sentido de ego está mais precisamente localizado no hemisfério cerebral esquerdo, qualquer pessoa, ao acompanhar com um gestual a palavra "eu", não colocará a mão na testa, mas no centro do seu peito. Esse gesto intuitivo parece poder ser bem explicado pelo campo energético que a partir dali se propaga, acompanhando a exata localização de onde parece morar nosso senso de identidade.

TROCAS DE ENERGIA ENTRE CAMPOS VIBRACIONAIS

Como vimos até aqui, quanto mais investigamos a matéria, mais acabamos podendo compreendê-la como fundamentalmente constituída por energia. Cada ente possui o seu campo vibratório, produzido e manifestado como mantenedor e, ao mesmo tempo, reflexo da síntese da sua forma de existir. O campo vibratório dos entes, a aura, por sua vez, mostra-se permeável a trocas com outros campos vibratórios.

Você já pode ter passado por alguma das experiências que vou relatar a seguir. Todas elas mostram processos de intercâmbio entre o seu campo de energia e o campo de outros seres humanos, seres humanoides, animais, lugares ou objetos.

O dia amanhece. Você acorda sentindo bastante disposição e animação. Levanta-se, toma um banho, toma o seu café da manhã e sai para iniciar a sua rotina. Vai caminhando pelo centro da cidade, a fim de chegar ao seu trabalho, e começa a encontrar pessoas. Ao se deparar com determinado conhecido na rua, você para e vai interagir com ele. Após alguns minutos, ou até imediatamente, você começa a bocejar, bocejar, bocejar... E, de repente, o assunto se encerra, você se despede da pessoa e continua seguindo o seu caminho, mas já nota que algo parece ter se modificado na sua disposição.

Você, que havia acordado com muita vitalidade e alegria, agora sente o corpo pesado, como algo que precisa ser arrastado. Chega a pensar que seria bom voltar para a cama, e não é capaz de entender o que pode ter acontecido. Como não pode faltar ao serviço, você se obriga a continuar o percurso dentro do que estava programado.

Ao chegar ao trabalho, tendo percorrido da sua casa até ali uma jornada de não mais que 20 minutos, sua sensação de cansaço é totalmente injustificável: você dormiu bem na noite anterior, acordou feliz, se alimentou e sentia como se pudesse correr uma maratona – algo muito mais estafante do que o feito até então.

Cansado, você se senta na sua cadeira sem perceber a presença do colega de trabalho que já estava por ali. Ele vem feliz, cumprimenta você, começa a conversar, e dali a alguns minutos você já pode perceber que a sua disposição mudou novamente. A sensação agora é de poder seguir o dia normalmente, com um nível de energia semelhante ao de quando acordou.

Nesse dia, você estranhamente reparou mais em si e notou suas mudanças de ânimo. Curioso, pois, ao encontrar a primeira pessoa, a sua energia parece ter sido roubada, causando sono e cansaço, e a segunda pessoa, sua colega, parece ter restabelecido o seu bem-estar. Como isso seria possível?

Vamos para outro exemplo. Já em outro dia, você realmente passou por grandes conflitos, problemas em família, no trabalho, na universidade, na escola. Sente-se mal, triste, sem forças e muito desanimado. Tendo a sorte de ter um parque, uma floresta ou outro ambiente natural na sua cidade, você resolve ir até lá dar uma volta. É estranho, pois, ao caminhar por lá, ou mesmo ficar lá um tempo parado na natureza, você se sente totalmente renovado. Ora, os problemas continuam lá para ser resolvidos, mas aquele desespero que você estava sentindo parece ter sido levado embora pelos ventos. E novamente você se pega refletindo sobre como aquilo pode ter acontecido.

Vamos supor que você tenha passado problemas como no exemplo anterior e não tenha podido ir à natureza, mas chegado em casa ao fim do dia e sido recepcionado por um dos seus animais de estimação, principalmente os mais comuns que são o gato ou o cachorro. E a partir desse encontro, você recebe não só o afeto instantâneo e total que só os bichinhos sabem doar, mas também se sente mais disposto e animado para lidar com os problemas que precisa resolver. Aquela indisposição excessiva que estava sentindo até ali parece ter se transformado magicamente.

E então? Alguma dessas histórias genéricas que acabei de contar se parece com alguma experiência que você teve? Pelo que tenho visto na práxis do dia a dia, no consultório e em outros âmbitos da minha vida, tudo me leva a crer que há grandes chances de a resposta ser afirmativa. É empírico e constatado cientificamente que influenciamos e somos influenciados, ao menos eletromagneticamente, pelo universo à nossa volta.

Todos os dias fazemos contato com outras pessoas, as quais podem estar muito bem fisicamente, psicologicamente e espiritualmente, como podem não estar. Nós também oscilamos. Às vezes, somos nós quem precisamos de uma carga de energia vinda de outro ser ou do ambiente, de modo que a nossa mesma seja estimulada a entrar em equilíbrio. O fato de a transferência de energia de um campo vibratório ao outro ser uma lei dinâmica universal e constante, explica os episódios em que nos sentimos drenados energeticamente por alguém, bem como os momentos em que fomos nós que sugamos a energia, e os processos em que alguém intencionalmente toca ou impõe as mãos sobre outra pessoa a fim de promover a cura dela.

    Se quiséssemos ater-nos a uma explicação exclusivamente eletromagnética clássica, poderíamos apoiar-nos aqui no conhecimento do campo toroidal do coração para entendermos parte desses fenômenos de intercâmbio energético, já que, conforme a neurocardiologia, interagimos com outros seres vivos instantaneamente, quando distantes num raio de até 6 metros de nós. Como geramos um campo eletromagnético pela atividade cardíaca que atinge até 3 metros ao nosso redor, qualquer pessoa distante num raio igual já começa a interagir conosco, de forma harmoniosa ou caótica. Os campos sempre tendem à equidade, o que significa que o campo eletromagnético mais harmônico beneficiará o mais desarmônico e tornar-se-á menos coerente. Se tocarmos uns aos outros, como num aperto de mãos, esses efeitos serão ainda mais imediatos.

    Entretanto, sendo uma comunicação aparentemente apenas local e dependente da nossa parte vegetativa, o campo toroidal cardíaco não esgota todas as dúvidas que temos acerca do tema. Ainda faltam outros esclarecimentos que a percepção não local por meio dos estados quânticos da consciência e as oscilações sutis do campo biofotônico poderão ofertar.

    O que muitas pessoas temem e conhecem como "ataque espiritual", em última análise, nada mais é do que o transporte involuntário e maligno de uma quantidade de bioenergia armazenada no nosso campo, usado para o nosso bom funcionamento biológico, psicológico e espiritual, a outro ser, encarnado ou não, ou ao ambiente. A diferença de um trânsito vibracional corriqueiro, a troca que acontece entre tudo e todos, para um trânsito energético maligno, é que esse último prejudica um dos seres participantes de forma mais prolongada, adoecendo-o ou inibindo-o em detrimento do outro. Em linhas gerais, é isso que ocorre.

    Vale lembrar que as perdas de vitalidade para o ambiente em que estamos, naquelas experiências em que nos sentimos subitamente mal ao chegar a algum lugar, e isso não pode ser mais bem explicado por outro fator puramente emocional, em sua maioria, são por impregnações causadas pelo que se vibra ali com frequência. Por exemplo, como poderíamos pensar que uma casa onde a família briga diariamente poderá causar sensação de aconchego em um visitante, mesmo que ele não faça ideia do que se passa ali.

A tendência maior é que o visitante se sinta subitamente irritado ao entrar em contato com a atmosfera de agressividade que está formatada ali, ainda que a família disfarce e suavize aparentemente as tensões.

Sabemos que determinadas configurações das construções afetam a vibração que elas emanam por si. Então, em caso de dificuldades desse gênero, devemos procurar formas de harmonizar aquele ambiente para que se possa viver ou conviver ali, não sendo prejudicado ou, quem sabe, até sendo beneficiado só por estar ali imerso em uma aura ambiental adequada. O milenar Feng Shui, usado pelos chineses para tornar suas habitações perfeitamente equilibradas e fonte de prosperidade, contempla muito bem a questão.

A minha experiência, entretanto, mostra que nada é tão nocivo quanto um ser humano em desequilíbrio. Somos deuses criadores, e as emanações emocionais que podemos inscrever nas paredes da nossa casa, como no exemplo da família que briga constantemente, fazem muito mais estragos do que um veio de água subterrâneo ou um banheiro colocado no quadrante errado, segundo o que se esperaria conforme os chineses.

Certa vez, estava eu fora de casa há algumas horas. Sentia-me bem, feliz, disposto, e lembro-me de estar resolvendo várias coisas dentro de atividades muito prazerosas para mim. Com essa aura, cheguei em casa e entrei pela porta da cozinha, nos fundos. Subitamente senti muita tristeza e uma vontade imensa de chorar.

Como isso seria possível? Não havia absolutamente nenhuma lógica naquilo. Eu estava superfeliz, e a única coisa diferente que havia feito naquele momento fora entrar na cozinha. Assim, fui ter com a minha mãe e perguntar se havia acontecido algo diferente exatamente naquele lugar enquanto eu estivera fora. Ela então me contou que uma prima minha tinha feito uma visita inesperada naquela tarde e que passara horas sentada na cozinha, contando seus problemas e chorando copiosamente por causa deles.

Na intimidade do vácuo quântico, a dimensão de onde emergem as primeiras partículas subatômicas, tudo está vibrando e é pura onda de energia. Vemos nesse relato real que acabo de fazer o quanto os ambientes guardam a memória dos acontecimentos e o quanto podemos ser, ainda que inconscientes disso, influenciados. Como sou perceptivo e na época já era experiente, percebi com facilidade que aquelas sensações não eram minhas, mas que meu campo vibracional apenas assimilara informações novas que estavam guardadas nas paredes e nos móveis da minha cozinha. Isso fez com que eu mantivesse a minha energia pessoal bem e centrada, lidando muito mais fácil com o processo do que outra pessoa que talvez se deixasse levar.

Em outra ocasião, anos mais tarde, estava no centro histórico da cidade de Porto Alegre, capital gaúcha do Brasil. Havia atendido pacientes pela manhã no consultório, almoçado e me dirigido à unidade de uma famosa rede de supermercados do Sul do país, que ficava na mesma rua em que eu trabalhava. Conhecer um supermercado que não existe na sua cidade e que sempre é propagandeado na televisão parece ser uma diversão para quem mora numa cidade do interior ou no litoral.

Após alguns minutos olhando as prateleiras, entusiasmado com a quantidade e variedade de produtos ali, comecei a sentir algo estranho. Subitamente tive cólica intestinal bastante aguda, e meu abdome inchou muito. Como havia recém almoçado, pensei que algo do restaurante pudesse ter me feito mal.

Apressei o passo, pois doía tanto o ventre que o suor escorria pelas laterais da cabeça. Pensava que seria necessário me deitar um pouco, ir ao banheiro ou tomar um chá no consultório, a fim de ter condições de atender os próximos pacientes. A agenda da tarde estava cheia.

Transposto o caixa do supermercado, lembro-me como se fosse hoje que, após cinco passos da porta de saída, deixei de sentir instantaneamente tudo o que estava sentindo, como se tivesse atravessado um portal e caído de volta na realidade da rua. Fiquei totalmente espantado, pois a cólica que eu tinha era daquelas que só se resolve, conforme outras experiências, quando surge a vontade de ir ao sanitário e é feita uma longa expulsão. No entanto, meu corpo estava novamente em ordem, exatamente da forma como antes de entrar naquele local. Posteriormente àquele dia, não tive nenhuma desordem intestinal ou qualquer outro mal-estar.

Gostaria de pontuar que, mesmo já sendo um sensitivo bastante experimentado na época, a onda vibratória naquele ambiente foi tão completa e intensamente assimilada pela minha energia pessoal que eu não pude distinguir como sendo algo de fora – se é que o "lá fora" existe, considerando os comportamentos quânticos que fundamentam a natureza. Tinha a plena certeza de que aquilo era um processo bioquímico disfuncional no meu corpo, no caso, um processo digestório complicado, quando, na verdade, era um processo biofísico, a simples captação da vibração ambiental nociva.

O fato de eu praticar a reciclagem da minha energia pessoal diariamente fez com que eu não tenha sido contaminado com a energia ambiental, que equivaleria a continuar com o mal-estar mesmo tendo saído do local. Novamente, nesse caso, a minha aura apenas leu as informações daquela atmosfera. Eu estava e estou treinado para perceber as energias ao redor e para não ser desequilibrado por elas. No entanto, essa experiência pontual foi intensa, e a minha percepção não conseguiu discernir o que estava acontecendo. Acreditei momentaneamente que aquilo tudo realmente estava sendo produzido na minha dimensão corporal.

Com isso, fico me perguntando quantas pessoas por aí podem estar desenvolvendo sintomas dos mais diversos, agudos ou mesmo crônicos, e achando que aquilo é um problema seu, totalmente solidificado e palpável no seu corpo, quando na verdade o que está ocorrendo são influências externas. Independentemente de reconhecermos o sexto sentido aguçado em nós ou não, absolutamente todos fazemos trocas com outros campos vibratórios. Será que há algum processo assim acontecendo agora com você?

A energia dos lugares por onde passamos e a das pessoas com as quais nos encontramos e nos relacionamos, sempre ou eventualmente, podem ficar por muitos anos ou mesmo para sempre atuando e influenciando o nosso campo vibracional pessoal. Nem sempre isso é bom, pois nem todos os lugares e pessoas o são para nós. Isso pode ser aplicado para muitas outras pessoas do nosso convívio, mesmo àquelas com as quais temos um vínculo positivo.

Se a energia armazenada em nós for de alguém que nos ama e que amamos, como por exemplo, a nossa mãe, de qual forma nos relacionamos com isso? Somos inseguros e internamente estamos sempre nos conectando à figura materna para nos sentirmos melhor? Certamente uma escolha dessas não só nos estaria impedindo de amadurecer, como também estaria interferindo na energia da nossa mãe.

O ideal é que reciclemos a nossa aura sempre, mantendo-a o mais virgem possível. Mais adiante, passarei algumas técnicas poderosas para desimpregnar o nosso campo desses vínculos vibracionais, inclusive os mantidos cronicamente com pessoas com as quais nos desentendemos no passado. Também ensinarei sobre como estar mais protegido energeticamente.

Ainda sobre os ambientes, fora a parte estrutural das habitações, a parte organizacional sempre é um reflexo dos seus moradores ou frequentadores. Como uma aura humana total ou parcialmente caótica refletiria em volta de si um ambiente organizado e harmônico? O que facilmente se observa é que esse caos se estende, em graus variados, para além da esfera vibracional e aparece também no quarto, na sala, na cozinha etc.

Na semana seguinte ao episódio do supermercado em Porto Alegre, encontrou-me na internet a imagem de um simpático ratinho que estava sentado, como fazendo pose para a foto, dentro da estante de frios de um mercado. Fui ler a notícia, e tratava-se exatamente da unidade do mercado onde eu estivera. Uma cliente havia feito a imagem e estava denunciando na *web*. Somente naquele momento pude ter uma explicação um pouco mais racional sobre o porquê de a energia lá estar tão péssima. Se um animalzinho pôde ser fotografado, quantos mais haveria nos bastidores do estabelecimento? E quem sabe quanta sujeira e produtos contaminados no depósito e nas prateleiras? Seres humanos felizes manteriam um meio assim?

É importante organizarmos os ambientes para que tenhamos mais preservadas as nossas auras? É claro, mas antes disso sugiro que nos ocupemos da nossa energia, pois ela impregna o que é móvel ou o aparentemente imóvel no nosso entorno.

O nosso mundo está passando por grandes transformações. A natureza espelha a travessia por um ciclo cósmico esperado há décadas, o que faz com que tudo se agite e fenômenos estranhos estejam acontecendo. Outra parte do que se vê de anômalo é causada pela ação antropogênica, que vem destruindo sistematicamente a fauna e a flora de determinados ecossistemas. Novamente isso reflete, agora em âmbito planetário, o caos interior que se debruça sobre o exterior e o transforma.

São importantes os movimentos pela preservação da natureza? Sem dúvida que sim, mas precisamos, concomitantemente a isso, valer-nos da ecologia profunda – aquela que nos indica que devemos reciclar a poluição não só dos dejetos que excretamos, como também a poluição dos pensamentos, sentimentos e emoções, enfim, da consciência, que emanamos por meio das nossas auras perturbadas e que afetam perniciosamente o meio ambiente. Não adianta somente recolher papéis do chão quando nossa consciência emana podridão em todas as direções. Sabendo que podemos deixar nossa energia eternamente jogada por aí, ressoando em lugares, objetos e pessoas, qual será a vibração que você escolherá espalhar a partir de agora?

OS VÓRTICES E CANAIS VIBRACIONAIS DO CAMPO LUMINOSO SUTIL

Além de ser disposta em várias camadas, nossa aura possui um formato padrão com numerosos vórtices e canais por onde circulam as suas informações. Para entendermos a ciência do campo sutil, é fundamental que conheçamos esse sistema.

Várias escolas de pensamento hoje concordam sobre a existência de centros de energia no campo vibracional dos organismos mais complexos. Todavia, foi na Índia antiga que o conhecimento sobre eles parece ter sido transmitido primeiramente há milênios.

Chakra é uma palavra vinda do sânscrito e significa "roda". Assim os sábios indianos que enxergavam o plano sutil nomeavam os mais importantes vórtices de luz presentes na nossa aura. Eles podem ser vistos literalmente como rodas luminosas quando olhamos frontalmente o campo sutil de alguém, mas na verdade são redemoinhos de giro constante que podem ser comparados a funis ou cones de energia brilhante e translúcida.

São funções dos *chakras* captar, armazenar, dirigir, distribuir e emitir as mais diversas qualidades de energia circulante. Perpassando desde a camada externa da aura até as camadas mais internas, são eles que as mantêm coesas e comunicantes entre si e com o meio. Estão sempre em posições estratégicas no campo holográfico quântico, possuindo ligações profundas com o corpo físico visível.

Quando em desequilíbrio, podem acarretar diversos problemas de ordem espiritual, psíquica e/ou biológica, impedindo o livre fluxo de energia pela aura. Quando em equilíbrio, possibilitam que nosso corpo biofotônico module tudo de forma harmoniosa. Quando em expansão, favorecem que atinjamos a plenitude da nossa existência.

Os *chakras* são classificados pela sua relevância. Conforme a literatura indiana, existem quase 90 mil desses vórtices no nosso campo. Todos são fundamentais e possuem motivo para existir, mas sete são considerados os principais.

Ao serem observados, os sete *chakras* principais são vórtices luminosos maiores, possuindo diâmetro entre 7 e 10 centímetros, sempre alinhados com a coluna vertebral, relacionados com plexos do sistema nervoso e especialmente com glândulas endócrinas. De cima para baixo, os cinco primeiros *chakras* principais têm suas raízes diretamente no perímetro vibracional sutil da coluna, enquanto o sexto e o sétimo *chakras* estão ligados diretamente ao campo sutil da cabeça e suas glândulas. Já os *chakras* secundários geralmente possuem diâmetro entre 2 e 5 centímetros e são alojados em regiões distintas. Há ainda os menores que os secundários, detectados aos milhares, e que possuem o tamanho comparável a um poro da pele.

A China nos oferta todo o conhecimento da milenar Medicina Tradicional Chinesa, por meio da qual nos é dado saber, dentre tantas outras coisas, sobre os meridianos – canais por onde circula a energia vital que mantém nossa vida. Esses se apresentam feito um complexo sistema, um verdadeiro mapa por meio do qual é possível perceber os caminhos dos fluxos bioenergéticos entre a cabeça, o tronco, os membros inferiores e superiores, bem como entre a superfície e a profundidade do organismo.

Curiosamente, originalmente a Índia não recebeu nem transmitiu informações sobre os meridianos, mas sobre os *nadis*. No sânscrito, *nadi* significa "rio" ou "córrego", referindo a verdadeiros canais pelos quais fluem nossas energias vitais. São essencialmente idênticos aos meridianos descritos pelos chineses.

Da mesma forma, os chineses não descreveram em suas escrituras médicas antigas o conhecimento sobre os *chakras*. Todavia, são identificados pontos ao longo dos meridianos que possuem localizações estritamente semelhantes às dos vórtices de energia abordados na tradição indiana.

O fundamental a saber é que os *chakras* são conectados uns aos outros justamente por meio do sistema de *nadis*, ao mesmo tempo que modulam o fluxo bioenergético dentro desses canais. Portanto, é por meio dos *nadis* que os *chakras* repercutem suas informações sutis em todos os tecidos e células do corpo biológico.

É genuíno pensar que o campo holográfico quântico esteja algumas oitavas acima do corpo biológico denso. Os *chakras* são as estruturas sutis pelas quais o campo luminoso atua regulando a expressão complexa da vida material, ao mesmo tempo que o corpo material também envia informações por meio deles para o campo sutil. Fazem o intercâmbio entre as dimensões das partículas e as dimensões das ondas quânticas. É isso que possibilita que a aura reflita, nas suas mais diferentes camadas, informações sobre a nossa qualidade de vida e evolução pessoal.

Sobretudo os *chakras* principais estão relacionados também a estados de consciência específicos. Quando aumentamos o fluxo de energia neles, o que reflete numa expansão do diâmetro dos vórtices luminosos, acessamos estados modificados de consciência, em que temos maiores percepções das informações sutis recebidas do nosso próprio campo luminoso e das realidades extrafísicas à nossa volta. Assim, podemos considerá-los também sete etapas de autodesenvolvimento para o nosso eu, indo da individualidade mais grosseira até a consciência transpessoal.

No Ocidente, consideramos como primeiro *chakra* principal o nomeado *chakra* básico. Ele tem cor vermelha e fica entre o ânus e os órgãos sexuais, na base da coluna, abrindo-se em uma espiral para baixo a partir da região do cóccix quando visto pelo dorso, ou cerca de quatro dedos abaixo do umbigo quando visto pela frente. No sânscrito, chama-se *Muladhara*, que significa "centro raiz". De fato, ele é a raiz do sistema de *chakras* principais, sendo o mais próximo da terra quando consideramos a verticalização do ser humano.

O *chakra* básico governa as glândulas adrenais, a parte mecânica dos órgãos sexuais (a ereção no homem e a lubrificação na mulher), os membros inferiores, a bexiga, os rins, o intestino grosso, o sistema ósseo e possui participação em todo o sistema muscular do corpo. No nível da consciência, ele está também relacionado ao tema da sobrevivência, seja no sentido psicológico de quem quer buscar meios para continuar vivo, ou no sentido da perpetuação da espécie, já que quando conectamos nosso centro raiz ao de uma pessoa do gênero oposto, podemos gerar uma nova vida.

A pessoa que possui o *chakra* básico em desequilíbrio poderá demonstrar emocionalmente muita insegurança e dificuldades para lidar com tudo que está estritamente relacionado ao mundo material. Fisicamente poderão surgir doenças do sangue, cardiopatias, falta de tônus muscular, doenças ósseas, distúrbios de peso, insuficiência renal, fadiga adrenal etc.

Se observarmos bem, muitas dessas manifestações de desequilíbrio relacionadas ao básico são comuns em pessoas mais idosas. O que acontece é que justamente no centro raiz está a força vital mais primitiva do sistema bioenergético, a mesma força vital que costuma enfraquecer paulatinamente na velhice. Quando para de circular energia por esse centro, chega o momento da morte do corpo e do desprendimento definitivo da consciência que ali habitava.

Certa vez, tive a oportunidade de atender uma parente que estava internada no hospital. O quadro era bastante complicado, e ela estava exausta, pois embora perdesse a consciência com frequência, aparentando estar dormindo para quem observava de fora, ela mesma não se sentia dormir nem descansar. Quando cheguei ao quarto, ela estava inconsciente, então comecei a projetar energia para ela pela imposição de mãos.

Chegando próximo à sua base da coluna, a impressão que tive era que o centro raiz estava totalmente esvaziado, e imediatamente comecei a sentir que das minhas mãos escoava energia à região. Era como se estivesse enchendo um copo com água. E quando o copo chegou ao ponto de transbordar, neste exato momento, minha parente acordou.

Nesse momento, pude compreender que o seu *chakra* básico estava oscilando profundamente, esvaziando quase que definitivamente em alguns momentos, justo aqueles em que ela apagava. Quando voltava a circular alguma energia por ali, ela novamente se conectava ao corpo e à agonia da sua enfermidade. Tive certeza, naquele momento, de que ela não teria muito mais tempo de vida, o que realmente se confirmou poucos dias depois.

É possível que alguns mestres espirituais da história, justamente pela capacidade de perceber a condição dos próprios centros de energia raiz, puderam predizer com exatidão quanto tempo de vida ainda possuíam e até mesmo o dia da sua morte. Não é à toa que os orientais também conhecem esse vórtice de energia como Portal da Vida e da Morte: é pelo seu correlato físico-anatômico que nosso corpo é inseminado e posteriormente parido, como também é pelo seu vórtice que aparentemente nos desligamos desta dimensão.

Há ainda o aspecto hormonal, pois, assim como o enfraquecimento do *chakra* básico em si leva ao desligamento do corpo denso, todos os órgãos sob sua influência sofrem também. E as glândulas adrenais, responsabilidade desse centro de energia, são fundamentais à vida. São elas que produzem, por exemplo, o hormônio cortisol, que deve aumentar e diminuir acompanhando o ciclo do nascer ao pôr do sol, participando do equilíbrio do nosso biorritmo. Quando fora do que seria o ciclo esperado, picos de cortisol estão associados ao estresse patológico, assim como baixo cortisol está associado à exaustão.

Finalmente, é no básico que geramos a poderosa energia vibracional da sexualidade, conhecida pelos indianos como *kundaliní*, tema do nosso próximo capítulo. Quando bem direcionada, essa potência percorrerá todos os demais centros de energia, fazendo com que eles todos se expandam. Por isso o centro básico também é considerado o sustentáculo do êxtase, ideia que refere a quem ilumina sua consciência sobrepondo o eu individual com o coletivo e, ainda assim, mantém os pés no chão, centrado para contribuir com a vida na realidade física.

O segundo *chakra* principal recebe, em muitas fontes de pesquisa o nome de umbilical, por se situar na frente, cerca de dois dedos abaixo do umbigo. Sua cor é laranja, abrindo-se em um vórtice para frente do corpo e outro para trás, na região lombar.

Em sânscrito, seu nome é *Svadhishthana*, e pode ser traduzido como "morada do ser" ou "morada interior". É o centro vibracional do prazer de viver, da sexualidade, da curiosidade, da criatividade, da apreciação da beleza e da busca da vivência sexual e amorosa. Enquanto no *chakra* básico se fala apenas da parte mecânica da sexualidade, algo mais limitado ao coito, no *chakra* umbilical agregamos o conceito do prazer da atividade sexual, remetendo às práticas sexuais que são também eróticas.

Fisicamente, é responsável pelas gônadas (testículos nos homens e ovários nas mulheres), assim como pelo útero, pela próstata, todo o sistema linfático e parte dos intestinos. Está intimamente relacionado à força motriz para a gestação do corpo de um novo ser, pois não só ficamos dentro do útero materno, que é regido por este *chakra*, como também somos alimentados justamente por um cordão umbilical.

Quando esse centro de energia está em desequilíbrio, a pessoa pode sentir-se deprimida, possessiva, desconfortável com o próprio corpo, sem capacidade de ter prazer sexual e sem vitalidade. Quando estimulado adequadamente, acelera todas as camadas do campo luminoso sutil, todos os meridianos do nosso sistema e as ondas mentais. Amplia assim a nossa proteção pessoal.

Na cultura popular, muitas pessoas usam algodão e esparadrapo para proteger o umbigo, alegando que isso as mantém protegidas contra energias nocivas de ambientes e outras pessoas. Particularmente nunca usei essa técnica, pois, conceitualmente falando, se trata de uma bobagem. Os vórtices principais mais próximos estão acima ou abaixo do umbigo, então qual seria a finalidade de cobri-lo?

Assim sendo, caso alguém tenha sentido efeitos positivos ao cobrir o umbigo, certamente terá sido pela intenção, e não pelo instrumento usado.

Evitar ser drenado na energia do *chakra* umbilical, uma das mais poderosas e preferidas pelos vampiros de energia, faz sentido de toda forma.

Certa vez, uma paciente chegou emergencialmente ao meu consultório. Na verdade, não chegou, ela foi trazida, já que naquele dia havia acordado sem conseguir firmar as pernas. Tratava-se de uma mulher jovem, em torno de 40 anos, e sem nenhum histórico biológico que justificasse aquilo. Até o dia anterior, estava aparentemente normal.

Uma amiga a ajudou a ser posta na minha maca, e então pude analisar o que houvera. Logo detectei que seu *chakra* umbilical estava praticamente inativo, sem circular quase nenhuma energia, e que ela havia sofrido uma espécie de ataque espiritual durante a madrugada. Fiz uma harmonização nos *chakras* dela e projetei bastante energia na região do umbilical.

Terminado o atendimento cerca de 40 minutos depois, a paciente considerou que eu tivesse feito um milagre. Mas não, eu apenas tinha nutrido e regulado o seu sistema bioenergético, principalmente o *chakra* umbilical, e havia descolado os obsessores da sua aura. Ela saiu caminhando normalmente e vitalizada naquele dia, assim como nos posteriores.

Seguindo na ordem ascendente, encontramos o terceiro *chakra* principal situado na metade superior do abdome. Por estar próximo do plexo solar, complexa rede de neurônios situada atrás do estômago e embaixo do diafragma, no Ocidente é consequentemente assim nomeado de *chakra* plexo solar.

Sua cor relacionada é o amarelo, abrindo seu vórtice para frente e para trás no sistema corporal. Na frente, podemos localizá-lo pela medida de quatro dedos da nossa mão, a partir da ponta do osso esterno. Atrás, podemos encontrá-lo na altura entre o final da coluna torácica e o início da coluna lombar.

Em sânscrito, o nome desse centro de energia é *Manipura*, que se traduz como "cidade das joias" ou "palácio das joias". Ele é a sede do nosso ego, o eu individualizado e separado, correspondendo à ideia estrutural das traduções "cidade" ou "palácio". As "joias" se referem às virtudes que devemos manifestar a partir do nosso ego. Quando equilibrado, portanto, o *chakra* do plexo solar facilita que manifestemos a virtuosidade física e mental possível à personalidade.

Fisicamente, está associado ao pâncreas, ao estômago, ao fígado, à vesícula, ao baço, ao apêndice, ao diafragma, à primeira parte dos intestinos e à musculatura abdominal. Possui, portanto, grande influência no processo digestório e no metabolismo.

O *chakra* plexo solar representa nosso poder pessoal e nosso carisma, assim como a mente racional, a vontade de aprender, a vontade de viver e de participar. É o centro que corresponde às relações interpessoais. Por meio dele, podemos conectar-nos aos outros seres e inserir-nos com harmonia e desenvoltura na sociedade.

Como esse é o centro que mais envolve a matriz bioenergética do eu individual, compartilha bastante das frequências dos primeiros dois *chakras* principais. Vontade e poder, características da energia do plexo solar, são consideradas fundamentais para o êxito em boa parte da sociedade planetária atual, o que pode vir a ser uma verdadeira armadilha para a evolução pessoal mais completa. Aqueles que se emaranham na busca por posses e pelo alastramento do seu próprio poder, podem acabar passando por cima de tudo e todos conforme seus objetivos, esquecendo-se do respeito ao próximo e de que, na verdade, tal respeito se trata de respeito por si mesmo, já que a separação não existe.

Quando superadas as armadilhas do egoísmo, o ser manterá seu *chakra* plexo solar preservado e com alta carga de energia, sendo muitas vezes adjetivado como "brilhante", tanto pelo seu magnetismo, quanto pelo seu intelecto altamente capaz. Além disso, o caminho permanecerá livre para o desenvolvimento dos atributos dos outros *chakras*, que vão em direção à transpessoalidade.

Dizer que esse centro governa as relações com as outras pessoas e com o ambiente explica o fato de tantas pessoas sentirem a boca do estômago nos processos sensitivos. O *chakra* plexo solar é um verdadeiro radar que escaneia tudo e todos ao redor, acusando sempre quando alguma fonte de energia deletéria está na proximidade ou em contato com o perímetro do seu vórtice.

Pessoas que se desenvolvem na direção da hiperconsciência e aguçam seus sentidos paranormais captam informações extrassensoriais e convertem-nas em reações gastroentéricas ou sensações táteis no que tange aos trânsitos energéticos captados no nível do *chakra* plexo solar. Nem sempre possuirão, nesse caso, a habilidade clarividente, já que a percepção extrassensorial conferida pela atividade desse *chakra* não produz informações imagéticas como no caso de outros vórtices de energia, mas sensações.

No consultório, é muito comum recebermos pessoas com o *chakra* plexo solar desarmonizado. Tanto pelas trocas energéticas doentes que acontecem a todo instante, quanto pelas características psicológicas advindas da supervalorização dos atributos da máscara egóica.

Um *chakra* plexo solar em desarmonia causará a nível corporal todo tipo de desordens gástricas, desordens intestinais, problemas hepáticos, diabetes, alergias etc. A nível mental e emocional, a pessoa poderá ter problemas de autoestima, redução da capacidade lógica e racional, confusão e insegurança, amargura, possessividade, substituição do ser pelo ter, desespero por poder, má administração do aspecto financeiro, ansiedade de desempenho e competitividade exagerada.

Mais acima, no que corresponde à parte média do osso esterno e, nas costas, à coluna torácica, encontramos o quarto *chakra* principal. No Ocidente, novamente justificado pela sua proximidade e relação com o órgão, costuma-se chamar este vórtice de *chakra* cardíaco.

O *chakra* cardíaco tem relação direta com a glândula timo e com todo o sistema cardiorrespiratório. Possui, portanto, importantes repercussões em todo o sistema corporal por meio da imunidade, do fluxo sanguíneo e da atividade respiratória. Levando-se em conta estas características, não é de se estranhar que ele aparece sempre representado pela cor verde, classicamente associada à cura e ao equilíbrio.

Em sânscrito, o nome do *chakra* cardíaco é *Anahata*, que pode traduzir-se por "o intocado", "o inviolável", "o invicto". O conceito remete justamente à nossa identidade imortal, que não sofre ação do tempo nem do espaço. Eis uma justificativa bastante plausível para que, ao pronunciarmos a palavra "eu", não coloquemos a mão na boca do estômago, no umbigo ou em qualquer outra parte, mas invariavelmente sobre o peito, exatamente onde fica o *chakra* cardíaco: carregamos, no correlato vibracional dessa região somática, a ancoragem da nossa essência transcendental.

A nível emocional, esse *chakra* representa nossa capacidade em potencial para amar incondicionalmente, vivenciar a compaixão e aceitar a tudo e todos exatamente como são. Obviamente, quanto menos essas forem possibilidades praticáveis no nível de consciência em que estamos, menos o centro cardíaco estará desenvolvido ou minimamente equilibrado.

Quando desarmonizado, esse centro de energia repercutirá no corpo, facilitando o surgimento de doenças ou sintomas feito palpitações, arritmia cardíaca, pressão sanguínea desregulada, colesterol alto, asma, bronquite, gripes e resfriados etc. A nível psíquico, o ser poderá manifestar depressão, angústia (famoso "aperto no peito"), paixão obsessiva, ciúmes exagerados e a sensação de que está contra o fluxo da própria vida.

Em relação à sexualidade e a relacionamentos afetivos, como já disse, os vários níveis deles estão diretamente relacionados a quais *chakras* temos mais ativos ou por quais deles fazemos as trocas bioenergéticas com alguém. Quando nos relacionamos apenas pelo *chakra* básico, interessa somente o coito apressado e a descarga seminal; quando incluímos na dinâmica o *chakra* umbilical, passamos a valorizar a demora do prazer e a vivência erótica; se consideramos a troca a nível de plexo solar, podemos desejar construir um projeto de vida e família com a pessoa que estamos. Todavia, apenas depois de incluir o nível de troca do *chakra* cardíaco, o que não implica necessariamente excluir os outros níveis, mas se diferenciar deles, poderemos falar em um relacionamento com amor.

Na sequência, encontramos o quinto vórtice principal na região da garganta, que por isso recebeu no Ocidente o nome de *chakra* laríngeo. O laríngeo absorve a cor azul clara, abrindo-se para frente e para trás. Nos homens, seu ponto raiz frontal pode ser localizado logo abaixo do "pomo de Adão".

Esse *chakra* está associado com todas as formas de criatividade e comunicação. A partir dele, a palavra ganha potência vibracional e repercute no universo, sendo meio de expressão e de criação conforme a nossa intenção.

Em sânscrito, o nome deste *chakra* é *Vishuddha*, que significa "o purificador". Não é à toa que ele está conectado à comunicação, já que todos nós sabemos que um bom desabafo pode realmente equivaler a uma grande purificação. Graças a essa característica, o *chakra* laríngeo é quase sempre um emissor de energia, funcionando feito um grande exaustor para toda a energia acumulada e indesejada em outros vórtices ou nas camadas do campo áurico.

Se a emissão das energias pelo laríngeo torna-se impossível, todo o campo vibracional começa a ficar sobrecarregado, e os outros *chakras* podem se desequilibrar também. Por isso, o bloqueio no *chakra* laríngeo pode fazer com que surjam não apenas sensações no nível da garganta, mas dores difusas e inespecíficas por todo o corpo físico.

Se abrirmos nossos braços, poderemos observar que os membros superiores ficam na altura entre o *chakra* cardíaco e o *chakra* laríngeo. Isso significa que pelas mãos também podemos nos expressar muito. Assim, mesmo uma pessoa que é de poucas palavras poderá escrever, desenhar, pintar, esculpir, tocar instrumentos musicais, utilizando os atributos relacionados tanto ao centro laríngeo, quanto ao cardíaco.

O *chakra* laríngeo influencia a glândula tireoide, que possui o curioso formato de uma borboleta – grande símbolo de transformação (que, no caso desse *chakra*, poderia também estar relacionado ao aprimoramento do ser até a expressão do seu máximo potencial). O funcionamento da glândula interfere nas funções cardíacas, cerebrais, hepáticas e renais, no crescimento e desenvolvimento infantojuvenil, na modulação do ciclo feminino, no equilíbrio do peso corporal, nas capacidades de memória e concentração, na qualidade do humor etc. Possui, portanto, grande impacto sistêmico, o que justifica ainda mais os cuidados com o centro bioenergético que a rege diretamente.

O vórtice laríngeo aparece vinculado também às cordas vocais, parte anterior e posterior do pescoço, maxilar, boca, língua, dentes e gengivas, traqueia, esôfago e laringe. Seu desequilíbrio pode causar facilidade para amigdalites, faringites, resfriados, herpes, problemas odontológicos, problemas articulares, congestão linfática, hipotireoidismo, hipertireoidismo, rouquidão, dores na base do crânio e bruxismo. A nível emocional, bloqueios no *chakra* laríngeo poderão causar dificuldade em se comunicar, dificuldade de articular as palavras, gagueira, apreço por discussões inúteis e mentiras, tendência a impor suas ideias e agressividade verbal.

No campo da hiperconsciência, o laríngeo aparece atrelado a uma entrada maior ainda no campo das percepções transcendentes, participando da experiência de clariaudiência e telepatia. Isso significa que, ao estimularmos o *chakra* na nossa garganta, passamos a traduzir em sons audíveis as informações vindas de outras dimensões da realidade. Assim, poderemos escutar seres extrafísicos, os pensamentos de outras pessoas e a nossa própria intuição.

Há pessoas que possuem na voz um intenso magnetismo, geralmente se destacando como palestrantes, oradores, comunicadores, mestres, professores etc. Conseguem transmitir e imprimir na consciência da população, sobretudo por meio da vibração sonora, ideias de expansão e de progresso, garantindo um correto direcionamento da humanidade para além dos limites de conhecimento comumente encontrados. Essa habilidade vai para muito além de uma simples mecânica do som, a qual podemos justificar pelos aspectos bioenergéticos de um *chakra* laríngeo desenvolvido de forma superior.

Na sequência para cima, encontramos o sexto *chakra* principal suavemente acima do espaço entre as sobrancelhas. Muitas vezes chamado de *chakra* frontal no Ocidente, por sua boca anterior estar na fronte, ou de terceiro olho ou terceira visão, por estar um pouco acima e entre os olhos do corpo físico, esse vórtice de energia abre-se tanto para frente, quanto também para trás, na região acima da nuca, absorvendo geralmente o campo eletromagnético na cor azul índigo. É considerado por muitos o mais importante *chakra* principal.

O nome em sânscrito do *chakra* frontal é *Ajna*, que pode ser traduzido como "comando" ou "centro de comando". Esse centro de energia rege a glândula hipófise ou pituitária, conhecida como glândula-mestra, já que é aquela que regula a atividade de todas as glândulas da garganta para baixo. Só essa conexão já justificaria o nome dado ao *chakra* há mais de 5 mil anos pelos indianos. Corporalmente, também é responsável pelas suas adjacências, feito a região acima do nariz, toda a parte craniana, o sistema nervoso central, olhos e ouvidos.

O *chakra* frontal é um centro de energia relacionado aos atributos de liderança, percepção e conhecimento. Atua sobre nossa capacidade de raciocínio e lógica, podendo, em parte, ser estimulado pelo estudo e outras tarefas intelectuais.

Quando bloqueado, impede a harmonia na sequência dos pensamentos e na concretização dos desejos. O indivíduo pode ter muita confusão mental, excessivo materialismo, falta de sentido e direção de vida, falta de opinião e posicionamento, medos do suposto sobrenatural, tendências a desenvolver dependências químicas, compulsões, problemas oculares e auditivos.

As várias menções populares à terceira visão ou terceiro olho como fonte da nossa intuição são realmente válidas. O *chakra* frontal, muitas vezes chamado por esses nomes também, é o responsável principal pela habilidade da intuição, assim como da clarividência, e participa da clariaudiência e da telepatia. Estimulá-lo, portanto, estimula nossa entrada na hiperconsciência e nos abre para a experiência do conjunto de percepções extrassensoriais que temos.

Ele influencia nossa capacidade de colocar ideias em prática, possibilitando trazer ao mundo tridimensional, à concretude, as imagens mentais que interagem naturalmente com as dimensões superiores. Possui, nesse aspecto, uma importante ligação com o *chakra* básico, que capta, distribui e representa a energia que vem de baixo e que deve passar por todos os *chakras* principais até chegar ao *chakra* frontal.

Como abordado anteriormente, a ascensão da energia em potencial no *chakra* básico dá-se pelo canal central na coluna, iluminando todos os vórtices vibracionais ao passar pelas suas raízes – um genuíno desenvolvimento "de dentro para fora". O objetivo final da energia que vem subindo desde o *chakra* básico é atingir e depositar-se no *chakra* frontal. Assim, podemos dizer que este *chakra* é um grande depósito de energia emocional e sexual transmutada.

A ascensão e o armazenamento de todas as vibrações emocionais e sexuais geradas nos *chakras* da garganta para baixo e direcionadas ao *chakra* frontal faz com que esse centro tenha grande potência para desprendimento de energia na matéria. Tal condição facilita o acontecimento daquilo que pensamos, das nossas programações, bem como das paranormalidades de efeitos físicos.

Vale destacar que o *chakra* frontal está diretamente relacionado às ondas mentais, posto que a sua localização influencia diretamente o sistema nervoso central, por isso sua grande importância para os estados de hiperconsciência, percepção extrassensorial e fenômenos paranormais de interação da mente com a matéria. Assim, estímulos específicos nele podem causar estados alterados e/ou ampliados de consciência, tirando-nos da percepção limitada da vigília comum por meio da aceleração ou redução da nossa frequência mental.

De certo modo, devemos agradecer aos atributos de *chakra* frontal desenvolvidos nos primevos pesquisadores do campo luminoso sutil, pois só assim puderam ver, por meio da clarividência, que havia tal campo ao redor de tudo e de todos, identificando os caminhos da energia vital existentes nos corpos. O mesmo acontece com os pesquisadores modernos, tanto para aqueles que já puderam ter a experiência direta de ver o campo, quanto aos que não estão satisfeitos, por terem um estado diferenciado de percepção, com o paradigma materialista e reducionista predominante entre as comunidades científicas.

Após passarmos pelos seis primeiros grandes *chakras* do modelo bioenergético humano, em ordem ascendente, finalmente chegamos ao sétimo *chakra* principal que fica localizado no topo da cabeça. Visto feito uma enorme coroa de luz quando aberto, no Ocidente, acabou sendo chamado de *chakra* coronário.

Diferente dos *chakras* principais entre a região do umbigo e a fronte, e tal qual o *chakra* básico se abre em um único vórtice para baixo, o *chakra* coronário se opõe a esse e se abre em um único funil para cima. Enquanto o *chakra* básico aponta para a terra, onde hoje vivemos, o *chakra* coronário aponta para o céu, para as estrelas, de onde viemos e para onde voltaremos.

No sânscrito, o nome do *chakra* coronário é *Sahasrara*, que pode ser traduzido como "lótus das mil pétalas". Os sábios e clarividentes mestres indianos assim o nomearam por compararem os *chakras* com a imagem de flores de lótus, sendo crescente o número de "pétalas", na verdade, pequenos funis dentro e compondo o funil maior do *chakra*, conforme a complexidade de cada centro de energia.

O coronário foi representado originalmente feito um verdadeiro braseiro luminoso no topo da cabeça, contendo, numa visão mais detalhada, o número exato de 972 vórtices menores dentro de si, o maior número dentre todos os *chakras*. Assim, convencionou-se dizer que o *chakra* coronário teria mil vórtices.

Captando quase sempre o espectro eletromagnético na cor do violeta, muitos sensitivos já observaram também, tamanha a complexidade dos quase mil vórtices do coronário, a presença de cores brancas e douradas nesse centro de energia, assim como outras radiações resplandecentes e translúcidas quando ele é desenvolvido. O dourado, como já dito anteriormente, traduz uma informação luminosa relacionada com a consciência da espiritualidade, tema plenamente concordante com os atributos do coronário; o violeta é a última frequência luminosa que conseguimos perceber, está conectada com a energia da mudança, podendo significar no âmbito dos *chakras* nosso salto para a consciência transpessoal e, quem sabe, a transmutação para outra condição permanente de vida, que não essa densa e pouco durável de hoje; por fim, o branco pode ser justificado no topo da cabeça por ser a soma de todas as cores do espectro visível, assim como o *chakra* coronário é o ponto culminante da consciência pela energia que ascende do *chakra* básico ao frontal e que nos libera para vivenciarmos totalmente a consciência transcendente.

O *chakra* coronário é, portanto, o centro da consciência transpessoal e da transcendência. Onde, literalmente, quanto mais aumentamos a atividade vibracional, mais podemos nos perceber com um maior intercâmbio com o meio ambiente, com o universo e com os outros, chegando mesmo à experiência da iluminação, fusão com o todo e consequente dissolução do ego.

Com o vórtice coronário bloqueado, tornamo-nos cada vez mais distantes dos atributos da completa consciência cósmica e da espiritualidade.

Quando vivenciamos essa condição de bloqueio, são comuns as manifestações de falta de sentido da vida, depressão, pensamentos obsessivos, possessões espirituais, insônia, enxaqueca, disfunções neurológicas e sensoriais, dentre outras.

Além de ser o responsável bioenergético pelo cérebro, o *chakra* coronário rege a famosa glândula pineal. Como já se sabe, essa glândula foi muitas vezes relacionada ao campo espiritual durante a história, tanto pelas ciências ocultas, quanto pelas ciências pretensiosamente convencionais. O proeminente filósofo e matemático francês René Descartes (1596 – 1650), considerado o pai da ciência moderna por sugerir as primeiras bases do método científico, é um ótimo exemplo pela parte dos ortodoxos: alegava que a pineal seria a ponte que conecta o espírito ao corpo material.

Nomeada pineal ou epífise, ela tem formato parecido com uma pinha, cor vermelho-acinzentada, tamanho entre 5 e 9 milímetros, e fica exatamente no centro do crânio, entre os dois hemisférios cerebrais e conectada à região conhecida como epitálamo. A cada nova descoberta sobre sua importância para a nossa integridade, estranhamos menos que os criadores do corpo humano tenham-na colocado no lugar mais protegido da cabeça.

A glândula pineal é responsável por regular os ciclos circadianos nos seres vivos, ciclos esses que correspondem às variações de biorritmo relacionadas à inibição ou ativação do tronco encefálico e do encéfalo, durante o ciclo claro-escuro que ocorre ao longo das 24 horas de um dia. A glândula faz isso mediante a transformação das ondas eletromagnéticas luminosas em neuroquímica, principalmente por meio da produção e liberação do hormônio neurotransmissor melatonina. Esta é produzida apenas quando nos expomos à escuridão, propiciada naturalmente pela noite, induzindo-nos ao sono reparador.

Em parte dos vertebrados, feito algumas aves, peixes, anfíbios e répteis, alguns deles inclusive com a cabeça translúcida, a pineal apresenta também células com estruturas semelhantes às da retina, evidenciando que ela e os olhos possuem a mesma origem. Em nós, seres humanos, e nos demais mamíferos, a semelhança entre a pineal e a retina não se mantém, pois a estrutura do crânio impede que o interior da cabeça seja diretamente atingido pela luz, dependendo sempre da atividade ocular para isso. Dessa forma, uma fração da onda eletromagnética luminosa que os olhos captam é usada para formar imagens, e outra é direcionada para a pineal, possibilitando suas funções cronobiológicas.

Quando o sol vem raiando o dia, a luminosidade ambiental vai fazendo com que a pineal pare a produção de melatonina, dando lugar ao cortisol que será secretado pelas adrenais e dará a condição necessária para uma vigília eficiente. Vemos, nessa gangorra hormonal relacionada ao sono-vigília, uma clara gangorra bioenergética entre as funções do *chakra* básico e do *chakra* coronário.

Como percebemos, essa glândula se relaciona diretamente com o tempo, chamado tempo-espaço na Física, a partir de Einstein, que os entendeu como duas grandezas inseparáveis. O famoso cientista, além disto, também chamou o tempo-espaço de quarta dimensão. Conceitualmente, por assim dizer, a pineal lida então com informações provindas além do mundo da materialidade tangível, a denominada terceira dimensão, atributo especialmente similar ao do *chakra* coronário.

Possivelmente, o fato mais curioso sobre a glândula pineal seja que ela guarda em seu interior uma quantidade expressiva de cristais de hidroxiapatita. Esses minúsculos cristais são revestidos por camadas de tecido conjuntivo e, por baixo desse tecido, apresentam um formato de amora muito semelhante ao cerebral. Tal semelhança é explicada pelo conhecido princípio dos vasos comunicantes, já que a pineal fica localizada no terceiro ventrículo cerebral, cavidade na qual está imersa em líquido cefalorraquidiano que lhe exerce a mesma pressão exercida sobre o cérebro, que acaba por esculpir o formato dos seus cristais. Trata-se de estruturas altamente organizadas e vascularizadas, o que deflagra sua grande funcionalidade e importância corporal.

Vale destacar que a glândula pineal é a estrutura com maior irrigação sanguínea de todo o cérebro e o segundo órgão mais irrigado do corpo humano. Ela é superada apenas pelos rins nessa característica.

Os cristais de hidroxiapatita formam uma espécie de caixa de ressonância, que sequestra os campos eletromagnéticos que chegam até a pineal, pois os elétrons presentes na superfície desses cristais fazem qualquer campo entrante ser ricocheteado de uma apatita para a outra. Essa espécie de engaiolamento dos campos possibilita, na sequência, que nosso sistema nervoso seja impressionado e que faça a tradução das informações que chegaram.

A partir do ponto de vista da percepção extrassensorial, se a informação eletromagnética captada pela nossa glândula pineal for enviada ao lobo occipital do cérebro, responsável pelo processamento de imagens, teremos percepções visuais na nossa tela mental ou mesmo no ambiente, que outras pessoas não conseguirão ver naquele momento. Se a mesma informação for decodificada pelo lobo frontal, teremos intuições certeiras, ideias em abundância, mas que não saberemos dizer de onde vieram. Mas se a decodificação for feita pelo lobo temporal, a informação eletromagnética será convertida em percepções sonoras. E assim por diante.

A anatomofisiologia cristalina da pineal acaba assemelhando-a a uma sofisticada antena e parece ser um rastro muito mais do que concreto das percepções extrassensoriais, por meio das quais somos capazes de telepatia, clarividência, clariaudiência, intuições etc. A hiperconsciência, representada sempre na mudança dos padrões das ondas elétricas detectáveis no cérebro, possivelmente seja o ajuste fino de tal antena, o que interfere na maior ou menor capacidade que cada um de nós tem em tornar conscientes e minimamente inteligíveis as impressões sutis que recebemos a todo instante pela pineal.

O nosso campo luminoso sutil, toda a dimensão extrafísica, comunica-se com a matéria tangível do nosso corpo em cada célula, em cada átomo, em cada partícula subatômica, fazendo intercâmbios vibratórios com os céus e a terra. De toda forma, sendo que o vórtice coronário incide diretamente no centro do crânio, atingindo exatamente a glândula pineal, podemos considerá-la como uma espécie de ápice físico dessa conexão.

Como já disse algumas páginas atrás, além dos sete *chakras* principais, que são verdadeiras chaves para a nossa evolução de consciência e para a nossa autorregulação bioenergética, existem os *chakras* secundários. Costumam ser bem menos conhecidos e citados, embora também possuam sua relevância. São exemplos de vórtices secundários, modulando a energia entrando e saindo das suas respectivas regiões e órgãos, os *chakras* do estômago, do baço, dos pulmões, do coração (que fica diretamente sobre o músculo cardíaco), do fígado, das palmas das mãos, das plantas dos pés, dentre tantos outros.

Certamente vale ressaltar aqui os *chakras* das palmas das mãos, às vezes também chamados de *chakras* palmares. Eles ficam exatamente nos centros das palmas das nossas mãos e são grandes emissores de energia, conectados por inúmeros meridianos que vão ao longo dos braços até o canal central da coluna, sobretudo aos centros cardíaco e laríngeo. Podem ser ativados de forma descomplicada e segura simplesmente ao esfregarmos uma das mãos na outra por alguns segundos.

Logicamente, todas as práticas de cura que são classificadas como imposição de mãos implicam diretamente a possibilidade de projetar energias harmonizadoras justamente pelos *chakras* das mãos. Essas exteriorizações de energia geralmente utilizam aquelas que são canalizadas do vórtice cardíaco para cima. Há também técnicas mais rápidas para equilíbrio dos *chakras*, em que são feitos giros ou toques suaves neles, provocando ativações e potencializações conforme o direcionamento da intenção.

Além de serem canais para promoção de cura e autocura anômalas, os *chakras* das palmas das mãos podem ser usados também para avaliar o campo sutil e os *chakras* que serão tratados. Tudo dependerá das habilidades extrassensoriais prediletas ou mais exercitadas por aquele que está promovendo a autocura. Algumas vezes, o agente de cura em questão verá o campo e saberá o que fazer, outras vezes, poderá colocar as mãos e avaliar o campo e os vórtices de energia conforme as sensações que seus próprios *chakras* das mãos produzirem. E o resultado, dentro das milhares de técnicas existentes, será a melhora daquele que está sendo atendido pelo reequilíbrio do seu molde energético.

AS TOXINAS, OS BLOQUEIOS ENERGÉTICOS, A VIDA, A MORTE E A AURA

Estudando a ciência do campo sutil, vamos vendo que o universo energético tem uma presença muito contundente no funcionamento básico da vida, talvez muito além do que imaginávamos. As camadas áuricas e o sistema de *chakras*, por exemplo, funcionam realmente como uma interface altamente sofisticada para o contato da consciência com a dimensão biológica, garantindo, quando em equilíbrio, saúde, bem-estar e aprimoramento em direção à transpessoalidade.

Não podemos, todavia, cair no erro de pensar que apenas o que está mais para o campo extrafísico governa a realidade física, ou que o biológico afeta apenas a si mesmo. Há estudiosos da bioenergética que propagam uma suposta diminuta importância dos hábitos diários em relação ao cuidado da energia pessoal. Levar uma vida sedentária e viver comendo porcarias, dizem eles, não teria nenhuma interferência no campo luminoso sutil nem na expansão da nossa consciência, apenas no corpo biológico. Discordo visceralmente desse pensamento.

Tanto o campo emocional, quanto o campo astral e o campo físico, relativos mais especificamente às três primeiras camadas da aura, devem estar em equilíbrio. Parece ponto pacífico que as emoções desequilibradas e os problemas espirituais causam perturbações na aura, enquanto comer salsicha e tomar refrigerante do tipo cola seria tranquilo e inócuo. Esse raciocínio faz algum sentido? Claro que não. A ciência do campo sutil mostra-nos que tudo está interligado.

Se nos nutrimos de ódio, rancor, inveja, mágoa, orgulho, dentre outras cargas emocionais, geramos toxinas emocionais. Se sofremos ou causamos ataques espirituais de qualquer ordem, geramos toxinas astrais. Se ingerimos porcarias ou se não fazemos o mínimo de exercícios necessários, acumulamos toxinas que prejudicarão todo o nosso metabolismo. E toxinas de qualquer fonte aparecem na nossa aura, bloqueiam o nosso campo de energia pessoal e a consequente possibilidade de ampliação da nossa consciência.

Se nos ativermos apenas ao biológico, já sabemos hoje que a saúde encefálica e a saúde intestinal estão intimamente ligadas. Primeiro, pelo fato de as duas regiões possuírem as duas maiores concentrações de células nervosas do corpo e, segundo, pela influência que a absorção nutricional no intestino tem sobre a funcionalidade do encéfalo, assim como as funções mentais, mais corporalmente relacionadas ao encéfalo, costumam ter influência sobre os ritmos de todo o plexo entérico. Mas aqui estamos nos referindo a isso e para muito além disso, é claro; considerando que, onde há corpo denso de matéria, há todo um sistema energético correspondente.

Digamos que eu esteja atingindo uma expansão gigantesca do meu campo luminoso sutil, agregando nova compreensão da realidade à minha volta. Para isso, os meridianos de energia e todos os vórtices precisam estar mais ativados do que de costume. De repente, a maior circulação de energia encontra bloqueios e acontece uma espécie de curto-circuito, jogando-me novamente para o mesmo estado bioenergético de antes ou até mesmo para um inferior.

Esse curto-circuito pode ser causado tanto por um bloqueio emocional ou astral, quanto por uma toxina acumulada em mim devido à má alimentação, a vícios e sedentarismo. Cada vez que geramos toxina excessiva em nós, demos antes alguma informação nociva para o nosso sistema. Existem informações que harmonizam nosso corpo e comandam que ele viva, já outras são informações que passam comandos para que nos autodestruamos e morramos.

Por muito tempo, ensinaram-nos que existe uma programação genética, sobre a qual não teríamos nenhum poder, e que ela estaria limitando nosso tempo de vida. No entanto, a partir das descobertas da epigenética percebemos que não somos reféns dos nossos genes, mas que controlamos a nossa genética a partir das informações que enviamos às nossas células. A verdadeira programação existente, mentirosa e feita por motivações escusas, é nos dizer que não temos o que fazer em relação ao nosso prolongamento da vida. Esse conhecimento infelizmente parece ainda não ter chegado à maior parte da população.

Assim, ignorantes e inconsequentes, acreditando que, a partir dos 25 anos, começamos mesmo a deteriorar, morrer e que nada podemos fazer sobre isso, não nos damos conta dos nossos hábitos. Eles, sim, podem ser uma verdadeira sentença de morte.

Existem muitos feriados, festas noturnas e confraternizações, eventos criados dentro da nossa cultura para que consumamos muitas toxinas. Se, ao menos uma vez por mês, você come, bebe ou aspira os produtos novos que são lançados no mercado, é você quem está encurtando a própria vida, e isso não é natural.

A questão aqui não é sermos radicais e cortarmos tudo em todas as ocasiões, até mesmo porque o estresse gerado por não poder ingerir algum veneno com o qual estávamos habituados pode criar uma toxina, oriunda do emocional, pior ainda do que aquela que teríamos gerado ao ingerir o produto, afetando também o nosso campo mental. Todavia, temos que perceber que a repetição ao longo dos anos tende a nos trazer um resultado amargo e, assim sendo, ir implementando uma progressiva mudança para nos precaver.

Para completar a cena do horror, somos condicionados a nos profissionalizar, sobretudo por meio de longas carreiras acadêmicas que serão concluídas próximo das idades de 40 ou 50 anos, em que o mercado de trabalho começa a nos dizer que já somos descartáveis. Isso na melhor das hipóteses, pois pode ser que a nossa exclusão já tenha começado durante a escolarização básica, obrigando muitos de nós à subutilização do próprio intelecto. Bem ou mal, os que chegarem a se aposentar já estarão, conforme a mensagem subliminar que vai sendo dita ao longo de décadas, percebendo-se próximos ao caixão.

Tomar bebidas alcoólicas em excesso, fumar, usar drogas, ingerir e sustentar parasitas, comer produtos alimentícios cheios de sódio, óleos vegetais refinados, agrotóxicos, metais pesados, glúten, lactose ou açúcar branco refinado, bem como outros alimentos aos quais sejamos intolerantes, alérgicos ou sensíveis, são exemplos daquilo que contribui para gerar em nós bloqueios bioenergéticos, interrompendo artificialmente as comunicações do campo sutil com a matéria, sendo verdadeiros comandos para o nosso corpo morrer. Tudo possui determinada vibração, determinada frequência, que pode entrar no nosso sistema biológico, biofísico em sua natureza última, e sintonizar-nos ou na destruição ou na harmonização e manutenção dos nossos padrões originais. Precisamos, portanto, evitar o que nos faz mal a nível sutil, e a nível físico, nosso lar temporário, para que nossa porção extrafísica consiga permanecer ancorada nele com plenitude, dignidade e decência.

Além de ser o responsável por processar os alimentos que ingerimos a fim de que os nutrientes relativos possam ser usados pelo organismo, o fígado é também o grande filtro do corpo biológico e cuida da nossa desintoxicação. Como a maioria das toxinas é lipossolúvel, esse órgão tem a tarefa de transformá-las em hidrossolúveis para que possam ser excretadas finalmente pelo sistema urinário. Nesse processo, pode sobrecarregar-se, precisando produzir colesterol para a sua própria limpeza. Caso não equilibremos a nossa ingesta de toxinas, ou procuremos formas coadjuvantes de apoiar a eliminação natural delas, o colesterol alto produzido persistentemente poderá gerar vários outros problemas de saúde, inclusive, predispondo a infartos e acidentes vasculares fatais.

Digamos que você não ingere produtos intoxicantes, mas costuma sentir raiva com frequência e não a expressa de forma saudável e resolutiva. Essa emoção costuma acumular-se especialmente no *chakra* hepático, fazendo com que o fígado fique intoxicado. Caso a raiva se acumule e não seja descarregada antes de virar o rancor, sua forma crônica passará também a afetar nocivamente a vesícula biliar.

Do ponto de vista da constituição do nosso campo luminoso sutil, vale lembrar que o fígado está relacionado à sétima camada dele, responsável pela nossa proteção geral. Danificar o órgão respectivo, por assim dizer, pela sobrecarga de toxinas, sejam elas de quaisquer fontes, faz oscilar de dentro para fora a proteção mais imediata da nossa integridade bioenergética frente ao meio ambiente – o que pode vir a causar toda sorte de problemas.

Ainda que a morte seja uma ilusão, já que a consciência individualizada de cada ser continua existindo mesmo após a extinção do corpo biológico, seria uma lástima, do ponto de vista do estudo, ignorar que ocorrem modificações no campo áurico durante e após a ocorrência dela. A presença do campo luminoso sutil está intimamente ligada à expressão e coordenação dos mecanismos vitais, permitindo que a consciência se ligue à energia condensada que conhecemos como matéria.

Quando observamos o campo áurico de uma pessoa, em se tratando de cores, o que mais costuma se aproximar da frequência da morte física são os pontos negros, por serem, na verdade, pontos de ausência de energia ou vazão no campo. Dependendo do tipo de clarividência, podemos não ver a cor negra, mas observar os próprios buracos no campo colorido da pessoa.

Em seguida da morte física, quando a consciência se desprende definitivamente do corpo que tinha até então, o complexo sistema de *chakras* e canais de energia é desligado, e o campo luminoso sutil começa a se apagar. Quanto maior o entendimento sobre ter passado à outra margem, comum em pessoas conscientes de quando estavam prestes a morrer e em pessoas com grande esclarecimento espiritual durante a vida, mais rápido todas as conexões luminosas sutis entre a consciência e o corpo se desfazem, fazendo com que brevemente o veículo físico não tenha mais qualquer halo luminoso em volta de si. A onda consciente terá entendido plenamente o seu novo momento e fluirá em direção à nova manifestação nos mundos extrafísicos, levando registrados em si todos os aprendizados daquela vida que findou.

Por inúmeras outras razões, inclusive por motivo de morte violenta, as pessoas falecidas podem não aceitar ou mesmo não saber a própria morte. Mantêm assim vínculos com o corpo em deterioração, achando que ainda estão na cena fatal, recriando indefinidamente no mundo extrafísico a realidade física sinistra da qual já poderiam ter se libertado. Tudo se resume ao ponto de vista do observador.

Certa vez, tive contato com um paranormal de Portugal, que estava cumprindo agenda de trabalho em várias cidades do sul do Brasil. Durante quase todo o período em que ele esteve na minha cidade, tive inúmeras experiências fora do corpo em que me encontrava com ele e com os seus amparadores espirituais. Às vezes, eu me acordava durante a projeção e ainda podia ouvir sua voz conversando comigo, de forma totalmente nítida, dentro do meu quarto. Foram noites muito cansativas, mas com experiências muito enriquecedoras.

Numa das ocasiões, em projeção, o paranormal quis me mostrar algumas consciências sofredoras que precisavam de ajuda. Assim, num primeiro momento, vi-me sozinho e deitado na cama de casal do meu quarto. Ao olhar para os lados, vi pessoas esquartejadas em sacos pretos em cima da cama. Não me lembro de ter visto os seus rostos, mas, sim, os membros, que ainda se mexiam pedindo ajuda. Parte da nossa tarefa ali seria tirá-los daquela situação consciencial e fazê-los perceber que aquilo já havia passado.

De toda forma, ainda que a eternidade nos espere depois daqui, precisamos estar cientes de que somos responsáveis por problemas que surgem no caminho e que foram escolhas, ainda que inconscientes. Para ampliarmos a nossa percepção, o caminho pode ser antever as prováveis consequências.

Se eu escolher guardar mágoas e rancores durante anos, vibrando sempre aquela informação no meu campo de energia, futuramente poderei desenvolver câncer na área do corpo mais relacionada aos conteúdos daquele conflito. Se eu comer pudim diariamente, tenho que entender que programarei para mim mesmo um quadro de diabetes no futuro. Ou se eu fumar, tenho que entender que os cânceres do aparelho respiratório poderão estar logo adiante. São informações de doença que eu mesmo jogarei dentro do meu sistema bioenergético, até que os quadros patológicos se manifestem literalmente.

Cada escolha abre um caminho diferente à nossa frente. E depois não adiantará procurar um deus para colocar a responsabilidade do que lhe aconteceu, pois você é esse deus, e o que lhe aconteceu não foi um mero acidente.

Suas escolhas hoje estão levando você rapidamente na direção do autoextermínio e do desperdício da vida que recebeu? Ou na direção de uma vida longa e próspera, cheia de oportunidades de crescimento em discernimento e sabedoria que serão eternos?

KUNDALINÍ – A FONTE DO MÁXIMO PODER

Kundaliní é a energia vibracional resultante da soma total de todos os estímulos emocionais e sexuais que podemos produzir e vivenciar. A palavra vem do sânscrito e pode ser traduzida como "enroscada", "serpente" ou "serpentina", descrevendo exatamente a forma dessa energia observada pelos sábios indianos. Seu ponto de origem está na base da coluna humana, justamente na região do *chakra* básico, onde, quando estática e ali armazenada, é simbolizada igual a uma cobra enroscada em volta de si mesma três vezes e meia.

Ao ser estimulada, a *kundaliní* começa seu movimento de ascensão pelo canal sutil da coluna vertebral, movimentando-se de forma espiralada e lembrando agora uma cobra em movimento ondulatório. Quando observamos a forma da coluna lateralmente, podemos perceber que ela mesma se assemelha muito à figura de uma serpente em pé.

Do *chakra* básico se irradiam para cima os três principais *nadis* do nosso sistema bioenergético, chamados no sânscrito de *sushumna, ida* e *pingala*, que estão intimamente relacionados à força da *kundaliní*. Sushumna é o canal oco, central, assentado na espinha, de polaridade neutra, que vai até o *chakra* coronário e que está à espera da emanação da *kundaliní*. Ida e *pingala* são dois canais, associados respectivamente às polaridades negativa e positiva da natureza, que vão se cruzando das laterais para o centro, sempre nas regiões relacionadas às raízes dos *chakras* principais que estão em *sushumna*, indo cada um da direita para a esquerda e da esquerda para a direita, e que têm seu ponto de encontro final no *chakra* frontal.

A ascensão da energia por esses canais vai ativando todos os *chakras* principais de dentro para fora, culminando na chegada da *kundaliní* ao *chakra* coronário. Todo esse processo dissolve bloqueios bioenergéticos, expande toda a aura, acelera muito as frequências das ondas mentais e libera os potenciais da hiperconsciência latentes em cada núcleo vibratório, possibilitando a vivência de estados ampliados de percepção, incluindo também as capacidades extrassensoriais e paranormais ainda pouco exploradas.

Cada grande tradição espiritual da humanidade aborda a energia *kundaliní* conforme o seu entendimento. No hinduísmo, ela é considerada mesmo uma deusa, personificada muitas vezes como *Shakti*, a Mãe Divina. Simbolicamente, o trajeto da energia pelo canal da coluna seria como o caminhar dessa deusa até o encontro do deus masculino *Shiva*, que dorme no *chakra* coronário esperando a chegada da sua consorte. A união de *Shiva* e *Shakti* remete-nos a uma experiência de integração na psique, de modo que a ascensão da *kundaliní* implica o desenvolvimento da personalidade conforme vamos dominando e superando cada tema relacionado aos sete grandes *chakras* pelos quais ela passa.

No antigo Egito, os faraós usavam serpentes como adornos na cabeça, simbolizando status de iluminação e superioridade para governar seu povo. Na China, muitos sábios foram representados montados em cima de um dragão. Na tradição cristã, temos o Espírito Santo e o Fogo Sagrado. Todos esses simbolismos, assim feito outros presentes em quase todas as grandes civilizações ainda existentes ou já desaparecidas, incluindo as da América do Sul, remetem ao conhecimento sobre a energia *kundaliní*. Tudo indica ser um conhecimento comum entre todas as elites de cada uma dessas sociedades, muito embora, por questões geográficas óbvias, algumas delas não possam ter entrado em contato com as outras, colocando esse saber num patamar universal.

Todos os sete vórtices principais produzem energias vibracionais que podem ser direcionadas para os *chakras* superiores conforme nossa intenção, sobretudo para o *chakra* frontal. No entanto, é o *chakra* básico que produz a energia vibracional mais ativa e intensa, que é sexual e que cria a vida, estando atrelado à possibilidade do orgasmo – a mais intensa emoção conhecida.

O orgasmo, quando corretamente direcionado por técnicas específicas, pode ser o grande estimulador da ascensão da *kundaliní*. Algumas antigas escolas de desenvolvimento espiritual sugeriam a retenção da ejaculação, mas, conforme uma perspectiva mais contemporânea, ela não deve ser evitada para que a vibração da *kundaliní* potencialize todas as camadas do campo luminoso sutil. A energia orgástica armazenada será o mais potente combustível para a realização do que a mente desejar criar, a partir das projeções que poderão ser feitas por meio do *chakra* frontal.

Para termos parâmetros de comparação, cada orgasmo direcionado e como energia armazenado no *chakra* frontal servirá de combustível vibracional, para todo tipo de criação mental, por até três meses. Vale destacar que aqui estou me referindo ao orgasmo causado pelo encontro sexual entre uma polaridade masculina e uma polaridade feminina, possibilitando o processo do uso total da energia orgástica. Práticas masturbatórias não atrapalham, mas ajudam somente até certo ponto no desenvolvimento da *kundaliní*. Mobilizando a energia sexual sem uma polaridade oposta, não conseguiremos fazer a energia ascender totalmente, nem expandir até a última camada da aura.

Os maus usos da sexualidade, que já são conhecidos por todos nós, atrapalham diretamente qualquer movimentação da *kundaliní*, ampliando bloqueios mentais, emocionais e bioenergéticos. São exemplos de mau uso, desde abusos sofridos e cometidos até a prática de sexo com muitas pessoas diferentes, de forma apenas casual ou sem afinidade. Quanto mais trocarmos de par sexual, insistirmos num par que não nos atrai ou menos sentimento tivermos por quem está conosco no momento sagrado do sexo, características que costumam aparecer empilhadas, mais atrasaremos e bloquearemos a ascensão da nossa energia de *kundaliní*.

Qualquer outra emoção também pode ser transformada e enviada para o *chakra* da testa, com os mesmos efeitos, porém ficará armazenada por, no máximo, sete dias. Podemos classificá-las em três polaridades: positivas, negativas ou neutras. As positivas são aquelas emoções que consideramos harmoniosas e desejáveis; as negativas são aquelas que consideramos desagradáveis; e as neutras são aquelas relacionadas ao amor que sentimos por alguém da polaridade oposta à nossa, não necessariamente na conotação do ato sexual em si, podendo incluir amigos e parentes.

O conhecido despertar da *kundaliní* pode ocorrer também de forma espontânea para o sujeito da experiência, sem que ele tenha feito nenhum esforço consciente para tanto, e vir acompanhado de muitas características que já puderam ser observadas por pesquisadores. Ocorrem fenômenos motores, como a execução de movimentos e posturas automáticas no corpo (inclusive, as que imitam posturas iogues mesmo sem um conhecimento prévio), choro, riso, vontade de gritar, modificações no padrão respiratório e paralisia corporal temporária. Também fenômenos sensoriais, como sensações de cócegas, choques, tremores na pele, frio e calor extremos, visões de luzes e sons internos, bem como outras sensações mais ou menos descritíveis que percorrem o corpo a começar pelos pés ou base da coluna, subindo pelas costas até o alto da cabeça e podendo descer pelo rosto até a região do abdome.

No campo dos fenômenos interpretativos, temos o surgimento de emoções incomuns ou extremas, e a distorção, separação e dissociação do sujeito na relação com seus próprios pensamentos. Existem ainda os fenômenos não fisiológicos que correspondem às experiências de consciência não local e percepções extrassensoriais, feito visões de seres e luzes, ouvir sons, músicas e vozes inaudíveis para os demais, presenciar sincronicidades acima do comum, fenômenos extramotores feito as diferentes psicocinesias, ver desabrochar habilidades de cura e autocura, dentre outras.

Tamanho o impacto para a consciência do ser, com a ascensão da *kundaliní* iluminando todos os seus principais centros de energia e expandindo todas as camadas do campo luminoso sutil, fora tudo o que já foi relatado, é comum que tal experiência resulte em características de liderança para aquele que passa por ela. Não é à toa, portanto, que tal conhecimento tenha ficado por tanto tempo nas mãos de poucos, nem sempre legitimamente preocupados com o uso ético e competente dos saberes bioenergéticos, mas receosos de que a difusão da maior chave de poder disponível no planeta viesse a tornar mais pessoas livres e sábias, logo mais difíceis de serem conduzidas e influenciadas.

Posso estender o mesmo para o restante dos conhecimentos sobre o campo luminoso sutil, aos quais estou dedicando a maior parte da minha vida e toda esta obra literária. Está na hora de sermos novamente senhores e senhoras dos nossos destinos.

PARTE 3
TÉCNICAS DE AUTODESENVOLVIMENTO VIBRACIONAL

Agora que já foram abordadas as principais características do campo luminoso sutil que nos envolve e penetra, bem como os vórtices principais existentes nele, podemos aprender a modular nossa energia por meio da interface bioenergética que foi apresentada. Algumas das técnicas mais utilizadas para isso são as visualizações criativas e mentalizações. Outras ainda são aquelas relacionadas a trabalhos corporais e atividades que, embora simples, têm o poder de impactar profundamente o nosso sistema e a nossa realidade pessoal.

Na terceira e última parte deste livro, portanto, compartilho uma série de técnicas para atuarmos em benefício do nosso progresso e da nossa prosperidade, assim como dos demais seres que desejarmos auxiliar. Tudo o que aqui ensinarei será exatamente aquilo que pratiquei e que rendeu bons resultados. Bom proveito.

EDUARDO JAQUES

TÉCNICAS PARA VER O CAMPO SUTIL

Toda a ciência inicial do campo sutil, com mapeamento de meridianos, camadas e vórtices de energia, originou-se da observação direta. Apenas nas últimas décadas, começaram a surgir algumas máquinas capazes de registrar a luz que nos envolve, e ainda temos muito chão pela frente nesse sentido. Isso quer dizer que os sábios de milênios atrás tiveram de desenvolver a clarividência para perceber as luzes sutis que modulam a expressão da vida.

A boa notícia é que todos nós podemos também exercitar essa percepção. A seguir, ensinarei uma técnica básica para podermos perceber além do que os olhos geralmente veem. Esta prática facilitará a visualização da camada externa da aura.

1 – Em um ambiente com pouca ou nenhuma luminosidade, peça para alguém ficar em frente a uma parede branca. 2 – Afaste-se cerca de 1 a 2 metros, ficando de frente para a pessoa. 3 – Olhe fixamente, piscando o mínimo possível e com os olhos desfocados, cerca de 10 centímetros acima ou ao lado da pessoa, por, aproximadamente, 30 segundos.

Quanto mais treinarmos, mais captaremos informações visuais do campo sutil, percebendo um halo luminoso em volta do corpo da pessoa observada. Começando do zero, veremos primeiro uma fina camada de luz, quase sempre esbranquiçada, depois veremos ela maior, então passaremos a ver detalhes, outras cores, presenças extrafísicas etc. Pode ser que, com o tempo, nem precisemos mais estar no escuro.

Há também uma técnica muito parecida com a primeira, na verdade uma versão adaptada, para vermos o campo áurico interno de outra pessoa, abrangendo as seis primeiras camadas áuricas que descrevemos na segunda parte desta obra. Como já falamos anteriormente, nas seis primeiras camadas, podemos ver inúmeras informações sobre a pessoa observada, incluindo saúde, emoções, pensamentos, dentre outros. Confira na sequência.

1 – Em um ambiente com pouca ou nenhuma luminosidade, peça para alguém ficar em frente a uma parede branca. 2 – Esteja cerca de 1 metro da pessoa que será observada. 3 – Desfoque o olhar e repouse seus olhos dentro da silhueta do corpo da pessoa, intencionando enxergar dentro dela ou através dela.

Em treinamentos mais avançados, as sete camadas da aura poderão ser observadas simultaneamente, revelando um verdadeiro espetáculo de luzes ao observador. Com a prática, começará a ver as nuances luminosas das camadas internas do campo sutil da pessoa observada, incluindo meridianos e *chakras*. Lembro-me como se fosse hoje de algumas experiências muito interessantes durante esses treinamentos de clarividência.

Certa vez, estava ministrando um workshop sobre o tema da aura e dos *chakras*, muitos anos atrás. No final do encontro, depois de fazermos muitas ativações do campo sutil, fomos fazer a observação do campo dos participantes. Cada colega se colocava próximo da parede, e o restante da turma procurava observar sua aura.

Quando uma colega se colocou em posição para ser observada, algo muito interessante aconteceu. Surgiu na sua testa, como se fosse a luz de uma lanterna que irradiava na nossa direção, girando. A cor da luz era branca e intensa, mas não era ofuscante – característica comum das luzes do campo sutil.

O que mais me impressionou não foi nem a luz, que lembrava de forma absurdamente semelhante o *chakra* frontal descrito em qualquer literatura indiana, mas o fato de que a turma também estava vendo exatamente o mesmo que eu. Até hoje tenho duas hipóteses: ou estávamos realmente todos muito afinados por termos passado o dia todo ativando nossos vórtices de energia com inúmeras práticas, ou a manifestação foi intensa além do comum e assumiu uma característica de densidade que a tornou impossível de não ser percebida mesmo pelos mais desatentos.

ATIVAÇÃO DO *CHAKRA* FRONTAL

A técnica a seguir não só ativa o *chakra* frontal, como também atua acelerando de forma sincronizada as nossas ondas mentais. Isto causará uma série de benefícios, conforme já abordado nas outras partes desta obra, levando-nos gradualmente a ficar num constante estado alterado e ampliado de consciência e percepção.

1 – Esfregue as mãos por, aproximadamente, 30 segundos, para energizar os *chakras* das palmas das mãos. 2 – Com a mão dominante espalmada, toque a testa, na região do *chakra* frontal, e gire sete vezes completas em sentido horário.

O número de giros nessa técnica simples e poderosa pode variar conforme a sua intuição, usando também o 9 ou o número da sua idade. A orientação do giro em sentido horário deve ser como se um relógio de ponteiros estivesse pendurado na sua testa e uma pessoa de fora olhasse para você.

É comum sentir pressão ou movimentos ondulatórios na testa, frutos da mobilização bioenergética na região do *chakra* frontal, após fazer a técnica. Já que ela acelera as ondas mentais, não é interessante fazê-la próximo da hora de dormir, pois poderá causar insônia.

EXPANSÃO DE TODAS AS CAMADAS DA AURA

Esta técnica simples e poderosa serve para expandir todas as camadas do campo áurico, fazendo com que vibremos numa frequência mais elevada.

1 – Esfregue as mãos por, aproximadamente, 30 segundos, para energizar os *chakras* das palmas das mãos. 2 – A mão que não será usada, ficará solta para baixo e fechada. 3 – Com a mão dominante espalmada, toque em torno de dois dedos abaixo do umbigo, na região do *chakra* umbilical, e gire o número da sua idade em sentido horário.

HARMONIZAÇÃO E PROTEÇÃO DOS *CHAKRAS*

Existem milhares de técnicas para a harmonização dos *chakras*. A seguir, vou ensinar uma das minhas favoritas, por sua agilidade, simplicidade e abrangência.

1 – Esfregue as mãos por, aproximadamente, 30 segundos, para energizar os *chakras* das palmas das mãos. 2 – A mão que não será usada, ficará solta para baixo e fechada. 3 – Com a mão dominante espalmada no corpo, gire sete vezes em sentido anti-horário um pouco acima do genital (*chakra* básico), ligeiramente abaixo do umbigo (*chakra* umbilical), na boca do estômago (*chakra* plexo solar), no centro do peito (*chakra* cardíaco) e no centro do pescoço (*chakra* laríngeo). 4 – Por último, gire sete vezes em sentido horário na testa (*chakra* frontal). 5 – Una e esfregue as mãos por mais alguns segundos, respirando profundamente.

Girar os *chakras* em sentido anti-horário causa a estabilização imediata deles, trazendo grande bem-estar. Pode ser feito a qualquer momento do dia, mas indico especialmente ao acordar, antes de entrar em contato com outras pessoas. Isso o deixará com os vórtices protegidos, absorvendo menos as energias ambientais, e com o campo luminoso sutil expandido.

Há outra versão, mais curta, que também ajuda a proteger o seu campo sutil pessoal, ao mesmo tempo que potencializa a sua frequência mental. Descrevo-a a seguir.

1 – Esfregue as mãos por, aproximadamente, 30 segundos, para energizar os *chakras* das palmas das mãos. 2 – A mão que não será usada, ficará solta para baixo e fechada. 3 – Com a mão dominante espalmada no corpo, gire sete vezes em sentido anti-horário na boca do estômago, área referente ao *chakra* do plexo solar. 4 – Depois, gire sete vezes em sentido horário no *chakra* frontal.

DESBLOQUEIO DE MERIDIANOS

Temos à nossa disposição uma vasta lista de possibilidades de tratamento oferecida pela Medicina Tradicional Chinesa. Um bom acupunturista poderá ajudar muito no equilíbrio da sua energia vital, tonificando ou sedando determinados meridianos, conforme a sua necessidade.

Fluir a energia pelos milhares de canais do nosso sistema bioenergético é não só uma questão de saúde, como também de preservar as altas capacidades da mente e a habilidade de criar nossos universos particulares. A seguinte técnica pode ser feita em casa, para desbloqueio geral dos meridianos.

1 – Pegue uma bola de tênis, preferencialmente daquelas mais firmes e lisas, e sente-se. 2 – Coloque a bolinha no chão e comece a rolar um dos pés em cima dela, em todas as direções, massageando com firmeza todos os pontos do pé por 5 minutos. 3 – Terminados os 5 minutos, faça igual com o outro pé. 4 – Repita este exercício diariamente por 30 dias e depois dê uma pausa, fazendo de tempos em tempos.

É comum que, no início da técnica, sempre haja um desconforto nos pés, com vários pontos doloridos. No final da massagem, todas as tensões terão ido embora, e a superfície da bolinha já não incomodará.

As plantas dos pés são mapas reflexológicos do corpo, possuindo pontos relacionados a todos os órgãos. Portanto, aqui estamos falando de uma massagem indireta que atinge todo o interior do corpo. Se alguns dos pontos estiverem persistentemente doloridos, vale investigar qual órgão ou sistema está associado àquela região e se você está sentindo outro sintoma.

Essa técnica, por possibilitar o desbloqueio de meridianos, ajuda toda nossa vida a fluir com maior tranquilidade, no nível da vitalidade, do emocional, do financeiro etc. Abrange todos os temas do nosso universo particular e que são modulados pela nossa energia pessoal. Também ajuda aqueles que passaram por cirurgias, às vezes desenvolvendo, a partir delas, graves bloqueios emocionais, já que os cortes feitos no corpo acabam interrompendo alguns meridianos e causando repercussões nocivas. A massagem, assim, potencializará os meridianos que não foram prejudicados, fazendo com que supram o déficit daqueles que foram seccionados.

A TÉCNICA DA LUZ DOURADA

Mentalizar ou visualizar geralmente envolve a criação de imagens na nossa tela mental, aquele espaço que vemos, principalmente, quando fechamos nossos olhos. São atividades diretamente relacionadas ao *chakra* frontal, de modo que aquilo que estamos visualizando tende a criar um impacto real no nosso campo de energia.

Como nossa mente não sabe a diferença entre o imaginado e o concretamente percebido pelos sentidos, impactando diretamente e espontaneamente o nosso organismo para o bem e para o mal, o mesmo podemos fazer, de forma deliberada e voluntária, para que nossas energias se mobilizem de forma benéfica, a fim de alcançarmos o equilíbrio e, mais do que isso, a expansão das nossas possibilidades de autodesenvolvimento.

Uma visualização que realmente impacta a nossa energia é aquela que tem clareza e movimento. Muitas pessoas visualizam de forma clara, mas não colocam movimento. Outras colocam movimento, mas não visualizam de forma clara.

Podemos irradiar, absorver e circular vibrações por todos os vórtices do nosso sistema. Se temos bloqueios em algum dos *chakras*, podemos dissolvê-los diretamente pelo aumento do fluxo de energia naquele ponto. É como se, para remover uma rocha interrompendo um rio, aumentássemos o volume e a força da correnteza de água.

A técnica a seguir consiste na emissão de energia, fazendo com que nosso *chakra* frontal se expanda, abrindo-se de dentro para fora e beneficiando todo o sistema bioenergético.

1 – Sente-se de forma confortável, com a espinha ereta, pernas e braços descruzados, ou deite-se. 2 – Respire profundamente algumas vezes, enchendo e esvaziando os pulmões um pouco além do costume. 3 – De olhos fechados, comece a visualizar um foco de luz dourada, como se fosse um pequeno sol, pulsando suavemente e irradiando a partir do seu *chakra* frontal. 4 – Permaneça focado nesta imagem mental, pulsando a luz dourada da sua testa para todo o ambiente à sua volta, por um mínimo de 5 minutos.

O *chakra* frontal é sempre uma boa escolha para trabalhos bioenergéticos, considerando a sua grande importância para a nossa lucidez, percepção e consciência. Como é o centro do comando, as intensas luzes pulsadas ali não só limparão o próprio núcleo de energia, ampliando sua abertura e desenvolvendo as habilidades relacionadas a ele, como também extravasarão para todo o nosso campo áurico e os demais centros de energia. A técnica descrita também pode ser realizada com a visualização de luz branca, que reúne todas as cores.

Por mais de uma vez atingi um estado de alta vibração minutos depois de estar projetando a luz dourada pela testa. Literalmente, uma alta vibração. Percebi como se tudo estivesse trepidando, mas, na verdade, o suposto terremoto era um chacoalhar muito prazeroso do meu campo áurico inteiro. Sentia um intenso tremor, cerca de 10 centímetros à frente da minha pele, em todas as regiões do corpo. Nesse estado de vibração, tive também episódios de clarividência, contatos contundentes com consciências extrafísicas, demonstrando a ativação do *chakra* relacionado à técnica.

Importante salientar também que irradiar e pulsar o dourado por meio do frontal, por todas as repercussões desejáveis que causa, têm a condição de interromper invasões do mundo espiritual na nossa energia pessoal. As energias intrusas são queimadas das nossas camadas áuricas, de todos *chakras*, e jogadas para fora pela absoluta incompatibilidade com as altas frequências que geramos a partir dessa visualização. Como irradiamos o dourado para além do nosso campo, beneficiando também o ambiente à volta, os assediadores não conseguem mais permanecer ali.

MENTALIZAÇÃO PARA REMOVER ENERGIAS ASSEDIADORAS

Como vimos no capítulo sobre trocas de energia entre campos, existem muitas frequências externas que interagem no nosso campo pessoal. Podemos apenas perceber os campos de energia, sejam eles sadios ou doentes. Quando acontecem interações doentes, quando ficamos com contaminação daqueles campos de informação nocivos, precisamos ficar atentos para interromper o processo o mais rápido possível.

Há muitas formas de removermos energias intrusas do nosso campo luminoso sutil. A primeira questão que precisamos esclarecer, e acho mesmo fundamental esta reflexão, é que qualquer energia desarmoniosa que logrou êxito em se agregar ao nosso campo pessoal só conseguiu fazê-lo por questão de afinidade. E essa afinidade nós criamos sempre, em primeiro lugar, dentro do nosso universo emocional pessoal, que no campo de energia reflete diretamente a primeira camada do campo áurico.

Quanto mais desequilibrados, mais nossas ondas mentais vão lentificando, reduzindo nossas proteções. Se eu vibrar ódio, rancor, inveja, violência ou mágoa dentro de mim, dentre tantos outros exemplos que poderia usar, serei totalmente vulnerável às frequências semelhantes que vierem de fora, pois estarei na mesma sintonia delas. Emoções desequilibradas podem acabar desestabilizando também a segunda camada do campo áurico, que corresponde ao astral, abrindo-nos ao assédio das consciências pouco elevadas que habitam o plano espiritual inferior da Terra.

Os famosos vampiros são um exemplo clássico de consciências, com corpo físico ou não, que se aproximam e drenam a energia vital das outras pessoas. Mas, conforme as histórias originais, eles só podem entrar na nossa casa se assim permitirmos. É exatamente assim nos processos de assédio energético real, em que qualquer assediador só entra na nossa energia pessoal se assim deixarmos, por termos alguma afinidade com ele, por pensarmos e sentirmos de forma semelhante a ele, por querermos ajudá-lo, por esperarmos algo dele etc.

A seguir, vou descrever uma das técnicas que mais gosto para retirarmos energias que não são nossas e que, por algum motivo, deixamos entrar no nosso campo informacional. Trata-se de um verdadeiro exercício de posse de si por meio de um diálogo com a própria aura.

1 – Sente-se em um lugar confortável, feche os olhos e respire profundamente ao menos três vezes. 2 – Concentre-se em si, no seu campo de energia. 3 – Faça mentalmente ou em voz alta a seguinte pergunta: "existe alguma energia aqui, em mim, que não é minha"? 4 – As respostas podem se manifestar de diversas formas, por meio de imagens que surgirão na sua mente, vozes, sensações ou intuições, informando de onde ou de quem vem a energia intrusa que está contaminando o seu campo. 5 – Depois de tomar consciência sobre as fontes geradoras das energias que não são suas, mas que estão agregadas em você, diga mental ou verbalmente: "envio agora toda essa energia que está aqui, e que não é minha, de volta para os seus donos, para suas origens". 6 – Repita o comando de devolução quantas vezes sentir necessidade, até que perceba as energias intrusas todas se dissiparem.

A pergunta e os comandos você pode adaptar para a sua linguagem, mantendo o sentido equivalente ao que usei aqui. Ao fazer essa técnica, você poderá ter várias reações corporais, como arrepios, bocejos e alterações de temperatura ao longo do corpo. Trata-se de reações bioenergéticas relacionadas ao desprendimento das energias invasoras para fora dos seus *chakras* e camadas da aura.

Caso o processo de invasão do seu campo esteja relacionado a consciências do plano espiritual inferior, os comandos também podem tirá-las do seu campo. Todavia, às vezes, as entidades estão vinculadas também ao ambiente, permanecendo ali ainda que cesse o assédio à sua energia pessoal. Se queremos saúde, é desejável também que o entorno esteja saudável.

Para remover as consciências assediadoras também do ambiente, a técnica aqui descrita pode ser complementada pela técnica da luz dourada. Inundar o ambiente com a frequência dourada costuma deixá-lo insuportável aos assediadores.

ROUPAS ESPECÍFICAS PARA PROTEÇÃO DO CAMPO SUTIL

Quando nossas ondas mentais permanecem em ritmos acelerados, dificilmente agregamos no nosso campo sutil as vibrações nocivas de quaisquer fontes, sejam elas ambientes, pessoas, objetos etc. Quando acontece, se acontece, temos a plena condição de converter tais vibrações rapidamente para o positivo, por meio de técnicas feito as que aqui estou transmitindo.

De toda forma, nos dias em que estivermos muito cansados, estressados ou expostos a grandes públicos, correremos maior risco de que alguma vibração nos contamine e que não percebamos imediatamente. Nessas situações, uma excelente forma de autoproteção energética é escolhermos com sabedoria a cor das nossas roupas.

São relativamente conhecidos os efeitos das cores sobre o nosso emocional. Geralmente, as cores quentes (amarelo, laranja e vermelho) estão associadas ao estímulo da vitalidade, enquanto as cores frias (verde, azul e violeta), à tranquilidade e limpeza.

Para além de simples impressões subjetivas, já que aqui estou tratando de efeitos bioenergéticos práticos, há cores de roupa que podem ampliar a proteção do nosso campo luminoso sutil. As mais indicadas para bloquearmos vibrações negativas são as escuras, feito o vermelho e, principalmente, o preto.

Pode ser que essas não sejam as suas cores preferidas ou que, para você, seja inconcebível usar cores escuras. Todavia, você também pode escolher usá-las apenas nas suas roupas íntimas e assim obterá proteção similar.

TÉCNICA BIOENERGÉTICA DO DESAPEGO

Não é raro que as trocas de energias nocivas entre nós e outros campos vibracionais envolvam exatamente as pessoas com as quais mais convivemos. Amigos, familiares, maridos e esposas podem ser verdadeiros vampiros da nossa energia. Nós também, se não nos vigiarmos, poderemos estar sendo os vampiros da história.

O agravante é que quando essa dinâmica energética é descoberta, raramente podemos simplesmente nos afastar, justamente pelo maior vínculo com a pessoa que nos vampiriza ou que vampirizamos. Desenvolvemos muito apego com as pessoas próximas. Para mudarmos a dinâmica doente, precisamos dar limites, mudar comportamentos e a configuração das relações sutis, feitas de campo áurico para campo áurico.

A técnica a seguir ajuda, por meio da visualização criativa, a desfazer os apegos emocionais e energéticos com as pessoas. Assim, tomaremos uma distância saudável ao nível da bioenergia, sem precisar, necessariamente, acabar com a relação concretamente.

1 – Sente-se de forma confortável, feche os olhos e respire profundamente pelo menos três vezes. 2 – Visualize à sua frente a pessoa com a qual você precisa se desconectar ou, caso não tenha clareza, pergunte mentalmente a si mesmo de quem precisa se desapegar ao nível da energia. 3 – Comece a dizer mentalmente, como se estivesse conversando com a pessoa: "eu sou eu, você é você... eu fico aqui com a minha energia, você fica com a sua... eu fico com os meus pensamentos e emoções, você fica com os seus pensamentos e emoções... eu sou eu, você é você... eu não preciso da sua força para viver, e você também não precisa da minha". 4 – Vá repetindo essas frases, ou outras frases equivalentes, sempre no sentido de romper as comunicações energéticas excessivas com a outra pessoa, enquanto visualiza a imagem dela se distanciando de você cada vez mais, até desaparecer na tela mental.

Esse exercício é fantástico e enfraquece os gatilhos que fazem com que sempre repitamos os mesmos comportamentos quando próximos da pessoa à qual nos apegamos. Você pode repeti-lo sempre que sentir necessidade e fazer com qualquer pessoa que queira.

O exercício também pode fazer com que aquela pessoa literalmente suma da sua vida, ou você da vida dela. Mas não se preocupe, isso acontecerá somente se entre vocês existir apenas apego, e não conexões de amor genuíno.

TRABALHANDO COM FELINOS, OS MESTRES DA ENERGIA

Muitas lendas e muitos mistérios envolvem a figura dos felinos. Nossos amigos gatos já foram cultuados feito deuses, assim como foram considerados símbolos do supremo mal, perseguidos e queimados em fogueiras junto às suas donas.

Atualmente, o que sabemos é que eles são verdadeiros recicladores da energia. Estamos cheios de histórias nas quais os cachorros, outros grandes amigos domésticos dos seres humanos, absorveram grandes cargas nocivas de energia e acabaram pagando com a própria vida, como se fossem para-raios dos seus donos. Com os gatos, no entanto, observa-se uma capacidade inata de converter todas as vibrações sempre para o positivo, sem causar prejuízo a eles mesmos.

Ao contrário, os gatinhos parecem mesmo gostar de desempenhar tal função de transmutação. Assim, buscam o colo das pessoas, não temem e querem contato com aqueles que estão doentes ou desequilibrados emocionalmente, como se absorver e transformar vibrações os fizessem se sentir ainda melhor.

É intuitivo que tal tarefa acabe exigindo muito do metabolismo felino, levando-os a dormir muitas horas por dia. Depois acordam novos em folha, prontos para um novo dia de trabalho.

Para se beneficiar da ajuda energética dos gatos, basta segurar um deles no seu colo, de modo que ele fique em contato com a boca do seu estômago. Pelo *chakra* do plexo solar, ele reciclará toda a sua aura, neutralizando vibrações nocivas e acontecimentos indesejáveis, que poderiam materializar-se em até sete dias, conforme aquilo que estava programado no seu campo sutil.

Se o gato for todo preto ou todo branco, ele fará a reciclagem completa instantaneamente, inclusive com repercussões a nível corporal. Se for um gato de outras cores, levará cerca de até 20 segundos para reciclar a energia, e a repercussão no corpo material poderá levar até algumas horas.

Importante esclarecer uma confusão muito comum entre as pessoas que já conhecem as habilidades vibracionais dos amigos felinos. Muitos dizem que os gatos são guardiões da casa, impedindo que as más energias entrem. Isso não é verdade. Os felinos não podem impedir que as más energias entrem e impregnem nossas casas ou nossos campos pessoais.

O que eles realmente fazem, e são muito bons nisso, é limpar os ambientes e pessoas depois que as energias densas já se agregaram. Assim feito um faxineiro, que não impede que o ambiente fique sujo, mas que o limpa sempre que encontra sujeiras. Ter um faxineiro todos os dias na sua casa seria quase o mesmo que não deixar a sujeira entrar, pois ele sempre a estaria perseguindo e não a deixaria acumular.

Será por isso tudo que as forças obscuras da Terra veicularam num passado remoto, por exemplo, que o gato preto dá azar? Tentaram negar a todos o benefício da convivência com esses amigos. Na realidade, pois, os gatos, sobretudo os totalmente pretos ou brancos, dão muito boa sorte, já que nos harmonizam de forma imediata.

No ano de 2015, tive, pelo menos, duas experiências muito interessantes com dois amigos felinos. Num dos casos, eu estava na casa de uma ex-namorada, em outra cidade. Tínhamos discutido muito naquele dia, por questões que levariam ao término definitivo da nossa relação nas semanas seguintes. A ocasião havia me resultado dores por todo o corpo, assim não me sentia apto a voltar para a minha cidade dirigindo.

Já era fim de tarde, não me sentia bem, então reservei um hotel onde eu passaria a noite. Dali a pouco de partida, sentei-me num dos sofás da sala da minha ex-namorada. O gato dela estava no outro sofá, ao lado, olhando para outra direção, dedicando-me o total desprezo de sempre. Até que algo diferente aconteceu: ele me olhou. Como era tudo o que eu esperava há meses, levantei-me na mesma hora e fui coçar o queixo dele. O gato recebeu o carinho e começou a ronronar.

Praticamente no mesmo segundo em que começou o ronrono, um enorme calor veio subindo pelas minhas canelas, ascendendo rapidamente por todo o corpo, até atingir a cabeça. Assim como o calor veio, foi embora, levando absolutamente toda a dor que eu estava sentindo durante todo aquele dia. Isso tudo não levou mais do que cinco segundos.

Meu único contato corporal com o bichano foi pelos dedos da minha mão no queixinho dele, mas isso já foi o suficiente para que ele reciclasse totalmente o meu campo de energia. Nem eu estava consciente do quanto que o que estava sentindo era resultante dos conflitos de relacionamento daquele dia. Entretanto, magicamente, a partir daquele momento eu estava plenamente em condições de dirigir por muitas horas.

Nessa primeira história, temos uma lição prática do impacto das toxinas emocionais, na primeira camada da aura, refletindo no funcionamento da terceira camada da aura, responsável pela modulação do físico. Vemos também que o ronronar tem propriedades especiais, parecendo uma espécie de sintonização imediata entre o felino e o seu alvo de atuação.

Em uma segunda história, meses depois do recém relatado, eu estava novamente viajando, dessa vez a trabalho. Na noite anterior, eu havia dormido deitado numa espécie de tatame, acolhido no espaço terapêutico onde eu ministraria um curso logo cedo no dia seguinte. Não sei se dormi muito por cima de um braço, mas estava com uma forte dor no ombro.

Fiquei um pouco chateado, já que, conhecendo meu corpo, reconhecia aquela dor como de um mau jeito que poderia melhorar apenas no dia seguinte. E agora, como trabalhar o dia todo?

Logo que me avistou, o gato da clínica veio até mim me pedindo colo. Era sempre o primeiro a dar bom dia ali e pedia um colo diferente, que terminava idêntico a um abraço humano, regado a ronronar e muitas cabeçadas na minha cara.

Naquele dia, ainda assim, o gato fez algo que nunca tinha feito: ele juntou as duas patas num dos meus ombros e começou a escalar por cima de mim, passando até o ombro do outro lado e pulando no chão. Quando saiu de cima, dei-me conta de que a dor que estava sentindo já não estava mais ali, havia sumido totalmente. O gato a havia levado embora.

Eu teria centenas de histórias fabulosas para contar com os amigos felinos, mas deixo aqui registradas essas duas passagens como exemplo do poder de transmutação dos gatos, que inclusive trouxeram benefícios físicos imediatos para mim. De fato, quem tem essas amizades precisa se preocupar muito menos com a reciclagem do próprio campo. Eles fazem muito por nós.

Permito-me, ainda, contar agora uma terceira história sobre e com um felino. Dessa vez, o mais especial de todos: Merlin, meu amigo. Diferentemente das duas histórias anteriores, nas quais eu visitei os lares dos gatos, Merlin foi meu gato de estimação. Chegou no meu pátio nos primeiros meses de 2019, já adulto, e com uma amorosidade e gratidão pelo alimento oferecido a ele que não puderam passar despercebidos. Adotei o gatinho imediatamente.

Vivia sempre grudado em mim. Se eu estava sentado, queria o meu colo. Se eu estava deitado, queria também se deitar sobre o meu peito e com a carinha o mais próximo possível do meu rosto.

Demorei algum tempo para escolher o seu nome. Em uma tarde que ficou para a história, sentei-me no sofá da minha sala e perguntei-me mentalmente, uma única vez, sobre qual nome dar para o meu amigo. Imediatamente, uma voz disse, em tom de ordem indubitável: Merlin. Respondi em voz alta, sabe-se lá para quem, que então aquele seria o nome do gato. E assim foi.

Aprendi que a passagem do tempo não garante nada, mas nos dá maiores chances de ampliar o entendimento das experiências. Depois da história vivida, entendi que nomear o meu amigo com o título de um dos maiores e mais famosos magos da história fazia todo sentido, pois Merlin realmente era um gato mágico.

Além de enormemente amoroso, Merlin era extremamente comunicativo. Deitava-se perto do portão e miava para todos os meus clientes ou outras visitas que chegavam ao meu endereço.

Infelizmente, fomos notando que Merlin nem sempre estava tão animado e energizado, então resolvi levá-lo ao veterinário. Um dos dias mais arrasadores da minha vida foi quando recebi o seu resultado positivo para leucemia felina.

Para quem não está habituado com tal diagnóstico, assim como eu não estava na época, a leucemia felina é uma das doenças virais mais mortais, sem cura, geralmente levando os animais a óbito pouco tempo depois da constatação. O veterinário deu a entender que Merlin não viveria além de alguns dias a partir dali.

Para a surpresa de todos, Merlin sobreviveu ao primeiro retorno, assim como ao segundo e ao terceiro. Como o médico continuou pessimista mesmo assim, sem perspectivas de inovar no tratamento, resolvi cuidar do gatinho em casa sem as estressantes saídas até a clínica. Ele sobreviveu mais um ano e alguns meses depois do seu diagnóstico.

Nas últimas duas semanas em que ficou comigo, estava sob cuidados de outra veterinária, que lhe deu ótimos paliativos, e que concordou com o primeiro veterinário ao dizer que em sua realidade costumava ver os gatos positivados para o vírus da leucemia morrerem poucos dias após o exame. Na verdade, Merlin era, de longe, o recorde de sobrevivência que ela vira até então.

Além de todos os cuidados possíveis, Merlin recebia projeções de energia minhas com alguma frequência, e com muito amor, o que realmente acredito ter contribuído para sua longevidade. Fora isso, ele realmente era um gato fora de série.

Certa vez, deitado comigo na penumbra do meu quarto, bocejou e espreguiçou-se. Quando esticou sua pata na minha direção, soltou um enorme flash de luz branco-prateada bem em frente ao meu rosto. Era o meu amigo me lembrando que a vida material é uma ilusão, pois tudo no universo é energia, incluindo ele, e continuará existindo para além do mundo das formas.

Na noite do dia 16 para o dia 17 de junho de 2020, algo inusitado aconteceu. Acordei no meio da noite, e o quarto não estava no breu costumeiro. Havia uma enorme luminosidade verde que irradiava do chão, num dos cantos do cômodo, logo abaixo de uma bancada, a uns 2 metros de mim. Lembro de ter ficado observando aquela luz agradável por alguns minutos, imóvel, e depois ter voltado a dormir.

Lembrando o que foi visto alguns capítulos atrás, a luz verde está relacionada sempre a assuntos de saúde. Hoje entendo ter sido uma espécie de anunciação. Na madrugada seguinte, nas primeiras horas do dia 18 de junho, Merlin virou uma estrelinha.

Sinto mesmo não ter podido dar um final mais confortável ao meu amigo, pois ele teve que partir de modo natural naquela hora da noite. Infelizmente na época, não conhecia nenhum veterinário plantonista que lhe pudesse fazer a eutanásia.

Todavia, Merlin me ensinou até o seu último suspiro. Em meio ao desespero de vê-lo sofrendo para deixar essa vida, superei o enorme amor que tinha por ele, com apego de querê-lo por perto, indo para o amor transcendente que liberta, que naquele momento estava abrindo mão totalmente da sua companhia para que nada nele doesse mais. Embora não consiga acessar o amor incondicional voluntariamente, a qualquer momento que queira, tenho clara a memória de como é esse sentimento. E essa vivência, essa profunda ativação do amor em mim, devo inteiramente ao meu amigo Merlin.

O gatinho mágico impactou a vida de centenas de pessoas, tanto antes, quanto depois de ir embora. Via telefone e internet, dezenas vieram conversar comigo, desejar os pêsames, perguntar o que havia acontecido com o gatinho simpático que recebia todos ao pé do meu portão. Semanas após sua passagem, pacientes seguiam ficando espantados e lastimados com a notícia.

Não tive experiências de cura com o Merlin iguais às que relatei com os outros dois gatos, mas, fora os fenômenos paranormais diretamente ou indiretamente relacionados a ele, que me chamam atenção até hoje e deixo aqui registrados para a posteridade, vi algo muito maior acontecer. O seu grande feito foi despertar, de forma profunda e poderosa, tanto amor em mim e em todos os que cruzaram, ao menos uma vez, o seu caminho.

Honro a vida do meu amigo Merlin, o gato mágico, e sou infinitamente grato pelo tempo em que pudemos estar juntos. Oxalá você também possa ter um amigo assim na sua história.

CENTRALIZAÇÃO DAS ENERGIAS NO *CHAKRA* FRONTAL

Como exposto em capítulos anteriores, o *chakra* frontal é um verdadeiro reservatório onde podemos armazenar energias vibracionais transmutadas e poderemos usá-lo para projetar energia na matéria, no mundo físico visível, e construirmos a nossa realidade com lucidez e percepção apurada. Aqui me refiro tanto a conseguir materializar nossas metas pessoais, quanto a atingir novos patamares de consciência e desenvolvimento das habilidades extrassensoriais.

O combustível que podemos usar para tanto são as emoções e os estímulos sexuais, cujo conjunto total foi chamado de *kundalini* pelos sábios indianos. É possível que até hoje você não tenha usado os poderosos produtos das suas experiências de vida, convertendo-as em energia para a sua evolução bioenergética pessoal. Mas só até hoje.

A seguir, explicarei duas técnicas que farão com que porções da sua *kundalini* ascendam, potencializando todo o seu campo sutil e, sobretudo, o vórtice frontal. Confira agora a primeira delas, para trabalhar com as emoções.

1 – Concentre-se por alguns instantes na emoção que está sentindo no momento. 2 – Você também pode provocar a emoção, por meio da concentração em uma recordação ou uma cena mental imaginada voluntariamente, a qualquer momento que queira. 3 – Assim que sentir a emoção, você dará um comando mental igual ou equivalente a este: "ordeno agora que esta emoção que estou sentindo se converta em energia armazenada no meu *chakra* frontal, para que eu possa usá-la instantaneamente para todos os fins que eu desejar".

Perdemos muito cada vez que sentimos uma emoção e não lhe damos o devido direcionamento bioenergético. Ela poderá ficar circulando apenas na primeira camada áurica, o emocional, e nos *chakras* que tem afinidade pela frequência daquela emoção, desarmonizando-os aguda ou cronicamente pela sobrecarga. E poderá também prejudicar a terceira camada áurica que cuida especificamente, como já vimos, das reações no corpo biológico.

É comum que, depois dessa técnica, a emoção sentida até então desapareça ou diminua muito, como se tivesse sido tragada de repente. Na verdade, ela foi transformada e direcionada para o *chakra* frontal, fazendo com que circule para além da primeira camada da aura e dos *chakras* correspondentes. Esse processo tem potencial, portanto, de evitar ou mesmo interromper doenças psicossomáticas, pois as cargas emocionais param de perturbar os outros centros de energia e os respectivos sistemas corporais regidos por eles, ao serem alojadas no centro energético da testa – seu verdadeiro destino ideal.

As emoções são polarizadas em positivas ou negativas, assim como as polaridades dos canais *ida* e *pingala*, e não há problema algum. Todas podem ser usadas como fontes de energia: alegria, tristeza, raiva, medo, tanto faz. Direcionando as cargas emocionais para o frontal, acabaremos sentindo-nos novamente neutros e menos reféns das oscilações que a experiência humana naturalmente pode causar.

A técnica a seguir ensina a como trabalhar com a energia gerada durante o ato sexual com um parceiro ou parceira. É sempre válido lembrar que, quanto mais envolvimento tivermos com a nossa dupla, melhores chances teremos de manipular adequadamente a energia, pois naturalmente já estimularemos mais *chakras* pela conexão mais complexa com o outro.

1 – Antes de iniciar o sexo, concentre-se por alguns instantes. 2 – Dê o comando mental igual ou equivalente a este: "ordeno e determino que toda a energia gerada durante o sexo e pelo meu orgasmo, será armazenada no meu *chakra* frontal para que eu possa usá-la instantaneamente sempre que desejar". 3 – Terminado o comando mental, inicie a transa.

Os estímulos sexuais e, principalmente, o orgasmo em si, que aqui estamos trabalhando, são emoções enquadradas na polaridade neutra. A frequência neutra está relacionada ao canal central *sushumna*, a principal passagem para a *kundaliní*, nosso poder criador, acionada de forma poderosa no encontro entre nós e a nossa polaridade oposta.

É comum sentir uma leve movimentação energética no *chakra* plexo solar após o comando mental. Durante a transa, você se sentirá diferente, poderoso, inabalável. O orgasmo será muito mais prazeroso do que quando não direcionado e, na medida em que for repetindo a técnica, você sentirá cada vez mais as movimentações energéticas relacionadas à ascensão da *kundaliní*, feito arrepios na coluna, nas periferias, assim como vibrações, sensações de expansão e ondas de calor.

Tive a sorte, ou merecimento, de conhecer as técnicas que estou compartilhando aqui quando ainda era virgem. Desde o primeiro ato pude direcionar adequadamente a energia sexual, jamais cometendo desperdícios. Após o orgasmo, lembro como se fosse hoje o que senti, uma intensa e intermitente vibração na cabeça, como se expandisse em dois tempos, duas vezes o seu tamanho, e depois voltasse, concomitantemente, uma grande pressão entre as sobrancelhas, exatamente na região do *chakra* frontal.

Também podemos aproveitar e direcionar a energia gerada na masturbação ou em imagens mentais sexuais, apenas adaptando o passo a passo e o comando mental para cada caso, mas a ideia é a mesma. Em se tratando dos estímulos sexuais, só teremos um efeito mais abrangente e completo por meio do ato sexual com um par real, pois são necessárias as duas polaridades.

TÉCNICA DE PROJEÇÃO DE ENERGIA PARA SI MESMO

A técnica a seguir serve para projetarmos energia para nós mesmos pelos centros de energia das palmas das mãos, polarizando nosso campo, a fim de atingirmos equilíbrio na área em que estivermos precisando. Podemos usá-la para gerar prosperidade na saúde, no financeiro e no emocional.

1 – Esfregue as mãos por, aproximadamente, 30 segundos, para energizar os *chakras* das palmas das mãos e modular o seu campo em uma frequência acelerada. 2 – Feche os olhos e visualize rapidamente aquilo que você quer alcançar, já alcançado. 3 – Coloque suas mãos em si mesmo, tocando na região de algum dos *chakras* principais. 4 – Visualize durante 3 a 7 segundos flashes de luz branco-prateada saindo das suas mãos, irradiando sobre si círculos luminosos perfeitos, que entram em você, no seu campo de energia, transportando a informação imediata daquilo que deseja.

É bastante desejável que, ao final dessa técnica rápida, você sinta arrepios percorrendo as periferias do seu corpo. Isso é um sinal de que houve um potente desprendimento de energia na direção da sua intenção, obedecendo de forma instantânea o seu comando. Se os arrepios não acontecerem, a energia também terá sido mobilizada, porém atuará de forma mais lenta.

O uso de mentalizações e energizações rápidas facilita com que não percamos o foco e possamos gerar a frequência pura dentro daquilo que queríamos, sem interferências das flutuações naturais que acontecem na nossa atividade mental. Para ajudar essa e outras técnicas que exigem certa agilidade e foco, recomendo que se prepare antes fazendo alguma técnica de aceleração vibracional, como a ativação do *chakra* frontal.

Outro segredo importante está relacionado à imagem que geramos durante a mentalização. Se tenho intenção de me curar, preciso visualizar a cena como se já estivesse curado. Se tenho intenção de ter mais dinheiro ou um bem material específico, visualizo como se já estivesse naquele cenário idealizado. É assim que geramos a frequência daquilo que queremos: imaginando como se já fosse.

Considerado um estabilizador geral, o branco-prateado é uma fusão de todas as frequências. No entanto, se quisermos, podemos também associar as propriedades de cores relacionadas mais especificamente às nossas intenções, conforme comentado em capítulos anteriores. A frequência do verde carrega a informação da saúde perfeita para o corpo físico e o emocional, enquanto o lilás pode ser usado para o financeiro.

TÉCNICA GERAL DE PROJEÇÃO DE ENERGIA PARA OUTROS

Esta próxima técnica serve como base para projetarmos energia para outras pessoas, animais, plantas e minerais, pelos vórtices das palmas das mãos. Há apenas algumas suaves adaptações em relação à técnica de projeção de energia para si mesmo, que devem ser observadas, mas o restante ainda se aplica aqui.

1 – Esfregue as mãos por, aproximadamente, 30 segundos, para energizar os *chakras* das palmas das mãos e modular o seu campo em uma frequência acelerada. 2 – Se o alvo da sua mentalização não estiver presente no local, feche os olhos e visualize quem ou o que você quer atingir com a propagação da sua energia, e qual o propósito do trabalho; se o alvo estiver presente, feche os olhos e concentre-se na intenção do trabalho. 3 – Com as palmas das mãos voltadas para a frente, visualize, durante 3 a 7 segundos, flashes de luz branco-prateada saindo das suas mãos, irradiando semicírculos luminosos sobre o alvo, transportando imediatamente a informação da sua intenção.

Como você pode ter reparado, no caso de emissão de energia para terceiros, a visualização das ondas de propagação deve ser em formato de semicírculo. Essa é a principal diferença que deve ser levada em consideração na execução da mentalização.

Mesmo em uma energização com o alvo presente, não há fatalmente a necessidade do toque. Se você estiver energizando uma planta, talvez seja interessante segurá-la pelo vaso em que ela está plantada. Se for um cristal ou uma pedra, talvez você queira colocá-lo na mão. Se for um animalzinho, talvez ele seja arredio e não aceite. Enfim, adapte a técnica conforme a sua necessidade, mantendo a modulação inicial, a visualização clara do objetivo da energização e a irradiação das ondas em formato de semicírculo para o alvo.

TÉCNICA DE ENERGIZAÇÃO DA ÁGUA

Embora a técnica anterior já tenha englobado uma forma de energizar elementos do reino mineral, aqui quero deixar uma sugestão específica para trabalhar com a água. Como já sabemos, ela é um excelente veículo de energia, pois armazena e transporta informações. Podemos gerar, por meio das nossas ondas mentais, um verdadeiro remédio frequencial.

As ciências como a homeopatia e a terapia floral, embora marcadas por algumas diferenças práticas e conceituais entre elas, estão intimamente relacionadas à capacidade mnêmica da água. Tanto os remédios florais quanto os homeopáticos, ainda que preparados em processos distintos, serão soluções terapêuticas com propriedades totalmente biofísicas.

Não se trata de moléculas com determinado princípio ativo, mas de padrões de força vital que serão transferidos ao usuário e trarão benefícios diversos. Em linhas gerais, o paciente ingere nada mais do que um veículo, usualmente água pura adicionada de algum conservante, com uma informação terapêutica gravada nele. A informação gravada na solução aquosa é uma onda com a frequência específica referente à planta ou à substância utilizada originalmente.

Como todos nós, seres vivos identificados com uma expressão material macroscópica, somos fundamentalmente precedidos por assinaturas biofísicas específicas, somos também capazes de influenciar e sermos influenciados por outras assinaturas frequenciais. Por isso, nós, humanos, os animais, e até mesmo as plantas, poderemos sofrer influência da frequência terapêutica com a qual entrarmos em contato. Ocorrerá um ajuste e passaremos a vibrar em ressonância com o padrão quântico harmônico do remédio utilizado.

A técnica a seguir serve, digamos assim, para que você crie um indutor frequencial por meio da sua mente. Podemos imprimir informações em diversos veículos materiais para consumo, sobretudo a água.

1 – Encha um copo com água e deixe-o a sua frente. 2 – Esfregue vigorosamente as mãos por alguns segundos, enquanto vai pensando na intenção da sua energização. 3 – Envolva o copo com as duas mãos, visualizando que delas saem feixes de luz pulsante. 4 – Feche os olhos, enquanto continua

visualizando a luz pulsante, e dê um comando mental igual ou equivalente a este: "ordeno agora que esta água seja veículo da minha programação e gere em mim a frequência de (complete com 'prosperidade financeira', 'saúde perfeita', 'equilíbrio emocional' ou outro significante adequado à sua mentalização)". 5 – Terminado o comando, beba a água imediatamente.

Essa técnica é maravilhosa e poderosa. Você também pode energizar um copo de água para outra pessoa, fazendo as devidas adaptações de intenção e o comando mental conforme o caso. A informação gravada na água pode ser, inclusive, para algo bastante específico, como a frequência necessária para tirar a sua dor de cabeça ou a de outra pessoa. Em caso de tratamentos para dores, você pode, inclusive, fazer o seguinte teste para comprovar se a sua mentalização deu certo: se a dor passar em até 20 minutos, não tendo sido feita nenhuma outra intervenção terapêutica, muito provavelmente terá sido graças à água energizada.

O doutor Edward Bach (1886 – 1936), médico britânico criador das primeiras essências florais, deixou a sugestão de que as essências-mãe dos remédios florais sejam produzidas apenas com água fresca, preferencialmente de uma fonte próxima. A água recém-nascida dos grotões da Terra surge feito uma folha em branco, veículo puro e sem informações que não sejam aquelas do seu próprio padrão original, o que parece caracterizá-la como ótimo receptáculo para qualquer outro padrão que queiramos nela imprimir.

Masaru Emoto deu outra contribuição no mesmo sentido. Descobriu em suas pesquisas que o elemento cloro, largamente usado para esterilizar a água, também destrói a estrutura natural dela. Ele percebeu isso ao ver, via microscópio, que águas tratadas com cloro não conseguem formar cristais completos ao serem congeladas, ao passo que águas de fontes naturais, sim. Assim, para o sucesso da técnica que aqui ensinei, recomendo o uso de água pura de fonte ou, quando impossível, ao menos água mineral ou filtrada.

CRIANDO COERÊNCIA NO CÉREBRO CARDÍACO

Como falei anteriormente, a neurocardiologia nos conta que o coração possui um cérebro próprio, um núcleo de 40 mil neurônios, podendo mesmo ser considerado um dos nossos três principais centros nervosos no corpo (junto ao encéfalo e aos intestinos). Por meio de sua atividade, o órgão não só é o principal responsável pelo sistema circulatório, como gera o mais poderoso campo eletromagnético produzido na dimensão biológica, com o curioso formato toroidal.

O campo eletromagnético cardíaco é 100 vezes mais poderoso que o campo produzido no sistema nervoso central, atingindo-o diretamente na porção do sistema límbico, que é, dentre outras muitas funções, participante na modulação das nossas emoções. Muito falamos hoje sobre a importância da atividade mental reflexiva para nos equilibrar no sentido mente-corpo, mas podemos também fazer o caminho corpo-mente: usar diretamente a tecnologia do coração para equilibrar a nossa mente. A técnica a seguir visa a levar do estado caótico para o estado coerente o nosso campo eletromagnético de epicentro cardíaco.

1 – Sente-se de forma confortável e feche os olhos. 2 – Coloque uma das mãos sobre o coração e respire profundamente algumas vezes. 3 – Permaneça assim por alguns minutos ou pelo tempo que puder e quiser.

A técnica aqui descrita leva em consideração um cenário fácil e ideal. Existem outras centenas de métodos que causam um efeito parecido, como meditação, apreciação da arte, da beleza, da natureza etc. Faça o que estiver ao seu alcance nesse sentido.

No entanto, mesmo que você esteja andando na rua, se sentir a necessidade de se equilibrar, poderá da mesma forma colocar a mão sobre o coração. Isso é o mais simples e imediato que podemos fazer para criar coerência cardíaca e desfrutar de todos os seus benefícios.

TÉCNICAS PARA DESENVOLVER A INTUIÇÃO

É possível que a intuição seja uma das percepções extrassensoriais mais ativas na população mundial. Muito popular e relativamente aceita, ainda que nem sempre com o tom de respeito que merece, você já pode, por exemplo, ter escutado falar sobre o "sexto sentido da mulher". A boa notícia é que ambos os gêneros possuem a faculdade da intuição, embora pareça que muitos homens tenham prescindido dela ao longo da história e optado em favor de uma racionalidade exclusiva.

Para desenvolvermos a nossa intuição, devemos não só mobilizar as nossas energias de forma voluntária, como ensinado aqui em várias técnicas, mas também realizar o exercício exato de tentar usá-la no dia a dia. É como se fosse um músculo que ficou de lado, subutilizado, e que agora passaremos a movimentar e exigir mais dele. Dia após dia, o músculo estará mais forte e apto para suas tarefas.

É comum que, na infância, tenhamos uma conexão mais natural com a intuição. Então entramos na escola e, conforme prega a educação formal do Ocidente, costumamos aprender durante muitos anos que apenas o raciocínio lógico-matemático vale. Via de regra, todos nós precisaremos desaprender isso se quisermos acessar habilidades superiores da mente.

Quanto mais recrutarmos a intuição, mais seremos competentes em acessá-la. Você pode começar com coisas simples para testar. Por exemplo, ao se levantar pela manhã, pergunte-se mentalmente qual será o gênero ou a cor de roupa da primeira pessoa que verá passando na rua naquele dia. Tendo a resposta na sua mente, quando for à rua, não deixe de tomar nota do acerto ou erro.

Repita esse exercício por uma semana e depois faça uma média de acertos e erros para descartar possíveis aleatoriedades. Com a média de cada dia, você irá comparando, para saber se está avançando, regredindo ou estável na sua habilidade.

Talvez para você não faça sentido tentar usar a intuição para ter informações tão bobas assim. É válido lembrar que, por volta de um ano de idade, não começamos a falar proferindo palestras complexas. Começamos falando palavra por palavra, cheios de equívocos e insuficiências, até aprendermos as normas da língua.

A aquisição das nossas habilidades parece ser gradual para quase tudo, em quase todos os momentos da vida. No caso da intuição, a questão é tirar nossas inseguranças do caminho para que possamos acessá-la. Dessa forma, se futuramente você quiser ter informações complexas via intuição, é provável que precise primeiro acessar aquelas que são mais simples.

Quanto mais simples as informações, mais fácil será driblar a mente racional que costuma gerar um ruído enorme. Quanto mais informações intuitivas você tiver, mais confiança e abertura terá para receber outras e outras. Toda a informação que queremos receber está aqui, disponível, sendo irradiada sobre nós a todo momento, mas a nossa percepção consciente não a alcança por causa dos ruídos mentais.

Além do campo das ideias, até como uma forma de driblar o foco consciente e limitado da nossa mente, nossa intuição pode falar por meio de sensações corporais. A seguir, ensino uma técnica que simplifica a captação de respostas possíveis via intuição, considerando também nosso corpo.

1 – Feche os olhos e concentre-se. 2 – Respire profundamente três vezes. 3 – Mentalmente, pergunte o que você desejaria saber, sobre determinada situação, lembrando-se de perguntar de forma que as respostas possíveis sejam "sim" e "não". 4 – Perceba nesse momento os pensamentos que chegam à sua mente, assim como as suas sensações corporais.

É interessante que "sim" e "não" são palavras curtas e que podem ser mais bem percebidas na miríade de pensamentos que podem estar acontecendo, assim como durante todo o dia, a qualquer momento em que for fazer a técnica. Da mesma forma, esse binário linguístico pode ser identificado em sensações corporais. O "sim" costuma ser uma sensação de leveza e desimpedimento do corpo. Já o "não" costuma ser uma sensação de peso, às vezes, com um aperto ou dor nas regiões do estômago e coração.

Comece treinando dessas formas simples e, em breve, você terá mais informações complexas, podendo captar muito além do "sim" e do "não". A hiperconsciência só trará benefícios a você e a todas as pessoas ao seu redor.

TÉCNICA DE TRABALHO COM O INCONSCIENTE

Você já ouviu por aí aquela história de que, antes de dormir, devemos rezar para o nosso anjo da guarda? Pode ser que isso faça sentido para você, dentro do seu paradigma de pensamento atual. Pode ser também que para você seja bobagem. Particularmente, minha concepção atual sobre anjos e orações costuma ser bastante diferente daquela tida pela maioria das pessoas.

De toda forma, a ideia de conversar com um guardião invisível e poderoso antes de dormir tem uma ideia de fundo muito interessante: o estado emocional que criamos. Conforme a neurociência, tudo que vivenciamos nos últimos minutos antes de adormecer fica sendo processado pelo cérebro durante a noite toda.

Assim, se assumimos como tarefa diária um pequeno ritual que nos tira dos aborrecimentos e do agito vivenciados até ali, dando-nos uma sensação de proteção e aconchego, teremos maior chance de um sono mais relaxado, profundo e reparador, pois passaremos a noite ruminando não os problemas que nos aconteceram, e, sim, o estado de espírito harmonioso que geramos por último no nosso pequeno ritual.

Neste tópico, quero, no entanto, ir um pouco além do simples beneficiamento do sono, que, por si só, já seria estupendo. O foco aqui é justamente o uso inteligente do processamento cerebral que seguirá em atividade durante todas as nossas horas de sono.

Todos nós temos questões a resolver. É frequente também que a nossa porção consciente da mente, a mais comumente utilizada, tenha dificuldades para encontrar as soluções. Quero propor, com a técnica a seguir, que você possa usar não só sua atividade consciente para progredir nos desafios da vida, mas também a atividade inconsciente.

Passamos cerca de um terço da nossa vida dormindo. Imagine como seria poder usar esse terço a mais para também trabalhar na nossa evolução pessoal e na resolução de problemas, sem comprometer a qualidade do nosso descanso. Isso é plenamente possível, já que o nosso inconsciente nunca dorme. Confira a técnica.

1 – Antes de se deitar para dormir à noite, pegue um copo de água cheio e vá para a cama. 2 – Pense em alguma questão para a qual você gostaria de encontrar uma solução. 3 – Faça uma pergunta relacionada à sua questão ou afirme, em voz alta ou em pensamento, que, naquela noite, sua mente trabalhará para resolver aquele problema, e tome um gole de água. 4 – Deixe o copo de água próximo da cama e deite-se para dormir. 5 – Ao acordar pela manhã, a primeira coisa que você fará será pegar o copo de água que ficou reservado próximo da sua cama e beber outro gole.

Quando despertamos pela manhã, nossas ondas cerebrais comumente se aceleram, e, até mesmo no padrão de aceleração de vigília comum, tendemos a ir esquecendo todas as nossas vivências e percepções noturnas. Talvez durante o sono já tenhamos acessado a informação que queríamos conforme nossa programação, mas não conseguimos mantê-la na nossa consciência após acordarmos. É aqui que o copo de água entra feito uma ponte entre o consciente e o inconsciente.

O segundo gole de água fará com que tudo o que foi elaborado durante as horas de sono acabe por emergir para a consciência. Durante o dia seguinte à técnica, você poderá ter um *insight* abrupto sobre o tema que programou trabalhar durante o seu sono. Ou, antes que perceba, terá dado espontaneamente um encaminhamento brilhante e certeiro ao que precisava resolver.

Lembro-me de ter usado a técnica do copo de água em relação a este livro. Eu sentia que precisava ampliá-lo, torná-lo mais valioso e denso em conteúdo.

Minha pergunta antes de dormir foi sobre qual conhecimento eu precisava acessar e estudar para tornar meu livro um grande impacto na vida das pessoas. No outro dia, sem que me desse conta imediatamente da conexão com a minha programação noturna, comecei a revisar e estudar profundamente a Física, o que me motivou a ir compondo toda a primeira parte deste livro e possibilitou ampliar os diálogos entre o conhecimento do campo sutil e as descobertas científicas relacionadas a ele.

Não sei se lembro com exatidão, mas, contando por cima, foram inicialmente mais de 50 horas de palestras assistidas sobre o tema da Física Quântica. Sem contar os livros inteiros que devorei.

Você também pode usar a técnica do copo de água para descobrir questões mais fundamentais da sua existência, como o sentido da sua vida, o seu propósito, a sua missão etc. Nesses casos, pode ser que você precise repetir a técnica por várias noites para o mesmo objetivo, até que um dia a resposta complexa chegue até você.

TÉCNICA DE TRABALHO COM OS SONHOS

Não há dúvida de que os sonhos são um mistério à parte na nossa existência. Por meio deles, recebemos mensagens do nosso inconsciente pessoal, do inconsciente coletivo e de consciências que habitam outras dimensões. Ou seja, recebemos informações daquilo e daqueles que não percebemos durante a atividade consciente mediada pelo estado de vigília comum.

É também durante o sono que as pessoas podem perceber-se feito consciências projetadas para fora do corpo biológico. As experiências fora do corpo também são classificadas como sonhos, ainda que considerados paranormais.

Geralmente, contamos com a espontaneidade da percepção durante o sono, que captará os sonhos e fará com que eles impressionem o consciente. O que não costumamos considerar é que podemos voluntariamente estimular que a nossa hiperconsciência dialogue conosco, mediante sonhos programados por nós durante nossa vigília. Você pode usar a técnica seguinte para ter da sua hiperconsciência as respostas que precisa sobre algum assunto.

1 – Deite-se para dormir. 2 – Procure aumentar o relaxamento enquanto pensa no que você gostaria de saber por meio de um sonho. 3 – Afirme para si mesmo que sonhará com uma resposta ou esclarecimento sobre o tema enfocado por você. 4 – Ao despertar pela manhã, imediatamente tome nota daquilo que você sonhou para que possa trabalhar na interpretação posteriormente.

É válido para o sucesso da técnica que você não se deite exausto, pois excesso de cansaço costuma atrapalhar a lembrança dos sonhos. Se preferir, tome nota do emergente em um caderno específico. É comum que a aceleração das ondas mentais do despertar combine com o esquecimento dos sonhos. Por isso, é comum que as pessoas lembrem do material onírico em seguida do despertar, mas já tenham se esquecido de quase tudo na hora seguinte.

Lembro-me de certa vez ter deitado para dormir e feito a programação de que teria respostas sobre determinado relacionamento pelo qual estava passando na época. Eu queria saber o porquê de eu estar sofrendo tanto.

Tratava-se de um romance bastante recente e superficial, mas que me tirava o sossego como se aquela que estava tendo conflitos comigo fosse a mulher da minha vida – ainda que eu estivesse racionalmente seguro de que não era.

Na noite da programação, tive três sonhos bastante nítidos, todos claramente alusivos ao relacionamento em questão. Considerei todos importantes e interessantes, mas apenas um deles consegui traduzir a contento. E ele foi mais do que o suficiente para eu entender e me liberar do conflito.

O sonho foi o seguinte: me vi saindo pela porta da minha casa e, ao olhar em direção ao portão, vi uma enorme cobra esticada. O corpo dela era muito largo e comprido, tinha cor verde clara e se estendia do portão até muito próximo da porta de entrada da casa, o que resultava em cerca de 10 metros de comprimento. Ela estava estática, mas estava trocando de pele, o que parecia justificar o tamanho da matéria que se via estirada no chão.

Sonhos, muitas vezes simbólicos, sempre são um desafio de interpretação. Assim, comecei pesquisando diferentes concepções sobre o significado de cobras em sonhos. Foi predominante a informação de que cobras significam problemas antigos que não foram resolvidos.

A cobra não era hostil comigo no momento, mas estava ali e estava trocando de pele dentro do meu pátio. Não era realmente tão grande quanto na primeira impressão, mas parecia ser por causa da troca das peles. Isso significaria, então, que um conflito antigo, não resolvido, estava ali dentro da minha propriedade, possivelmente alguma instância do meu eu renovando-se e parecendo maior do que era.

Imediatamente comecei a pensar sobre como me sentia na relação em questão, se havia alguma época em que eu tinha me sentido da mesma forma. E, de fato, aquela era mesmo uma emoção do passado.

O que constatei foi que eu estava literalmente projetando minha ex-namorada na mulher atual. As duas eram brutalmente diferentes na realidade, mas o meu sofrimento era o mesmo. Pela primeira, segui extremamente apaixonado mesmo muito tempo após o término; já a segunda estava sendo apenas receptáculo de toda a minha mágoa e incompreensão.

Esse entendimento a partir do sonho fez-me perceber que o afeto atual era apenas uma pele sendo trocada, um eco do passado, e que o conflito nada tinha a ver com ela, mas com a outra mulher que tanto tinha amado e que, realmente, no seu tempo cheguei a pensar ser o amor da minha vida.

É ponto pacífico entre a maioria dos profissionais que trabalham com interpretação de sonhos que a experiência onírica pode ser considerada uma grande oportunidade de saber mais profundamente sobre si. A decodificação dos símbolos costuma ser terapêutica e pode criar *insights* que nos possibilitam aprimorar nossas condutas. Assim também foi comigo após o trabalho com o sonho que acabei de comentar. Libertei-me totalmente da situação que era atual e ocupei-me de elaborar minhas mágoas e desilusões do passado, evitando que outras mulheres viessem a ser apenas peles da mesma cobra no futuro.

Aqui trouxe um exemplo pessoal do uso programado dos sonhos como caminho para entender melhor uma questão afetiva. Mas podemos fazer programações com intenção de atingir outros níveis de compreensão em qualquer área da vida, seja no emocional, seja na saúde, seja no financeiro. Bons sonhos!

PROGRAMAÇÃO MENTAL PARA ATINGIR METAS

Como nos sugerem os experimentos da fenda dupla, no nível subatômico, a existência de um observador modifica tudo. Elétrons se comportam feito ondas quando não observados, e feito partículas, quando observados.

Os experimentos com os geradores de números aleatórios também mostraram os efeitos quânticos da consciência. Foi possível comprovar por meio deles que a intenção consciente e clara torna estatisticamente reduzida a aleatoriedade dos eventos atômicos.

Pensadores de inúmeras áreas têm sugerido que o universo macroscópico funciona de uma forma muito parecida à da dinâmica dentro de um átomo. Ou seja, o observador modifica a realidade observada e intenções conscientes são capazes de alterar resultados.

Parafraseando o filósofo grego Epicteto (55 – 135), muito celebrado pela Psicologia cognitivista na atualidade, parece que não são as coisas do mundo que realmente importam, mas a visão que temos sobre elas. Nesse sentido, essa Psicologia costuma limitar-se ao esclarecimento da perspectiva que o ser humano assume ao observar determinada porção da sua realidade, excluindo inúmeros elementos da sua elaboração mental. Essa perspectiva é chamada de viés atencional e construída com base nas cores do nosso emocional, pois diferentes pessoas podem olhar para um mesmo cenário e ver situações totalmente diversas: umas prestarão atenção nos aspectos positivos, já outras prestarão atenção em aspectos negativos.

Todavia, não podemos cair no engano de pensar que a nossa mente faz única e exclusivamente a captação passiva da realidade, realizando um processamento dela por meio dos paradigmas implantados. Assim feito sugeriu Epicteto, ainda que ele possivelmente não conhecesse a natureza atômica, nossa ocupação deve continuar sendo a percepção e a consciência, pois, além de administrarem nosso estado de espírito perante a vida, elas também atuam cocriando o próprio universo. Nossa realidade é formatada conforme nosso enfoque, que transforma infinitas possibilidades do vácuo quântico em aspectos singulares de dimensão corpuscular.

A programação da nossa vida começa desde a nossa concepção, a gestação, o nascimento e os primeiros sete anos de vida. Assim, este primeiro septênio é especialmente influenciado pelas programações do nosso pai e da nossa mãe. É como se a nossa vida vibrasse com a vibração deles. Ainda assim, não é questão de responsabilizá-los, pois as nossas faculdades mentais sempre darão o entendimento final das nossas experiências.

Certamente não estamos cientes desde a infância, mas o destino vai se moldando pelos paradigmas que estão implantados em nós e pelas escolhas, baseadas neles, que colapsam as ondas do campo sutil da vida por meio do nosso viés atencional. Dessa forma, criamos nossa vida também inconscientemente, mediante vivências, atos, atitudes, incluindo as consequências de tudo isso e as consequências das consequências.

Muitos desanimam e até desacreditam do poder de interferir no próprio destino, por já terem experimentado "pensar positivo" e nada de extraordinário ter acontecido. Acontece que, realmente, pensar não é tudo, é apenas uma parte do processo. Eu posso estar pensando bem, mas sentindo que aquilo não é verdade e não fazendo absolutamente nada alinhado com meu suposto propósito, o que acaba por anular completamente a probabilidade de atingir qualquer objetivo que tenha sido projetado.

Outro elemento que nos desempodera na consciência das nossas escolhas parece ser o modelo propagado por algumas das grandes religiões, que dizem para rogarmos pela intercessão de forças fora de nós, enquanto esperamos passivos (e, de preferência, sentados), que alguém faça por nós ou nos dê aquilo que pedimos. Assim, sacrificamos o movimento criador, que é inteiramente da nossa responsabilidade.

O fato é que, se acreditarmos que podemos, que não podemos, que o destino ou uma força divina decidem por nós, ou até mesmo que o acaso existe, estaremos relativamente certos. Tamanha é a nossa força mental, que nossa realidade espelhará o que corrobora com as crenças do nosso paradigma.

Antes de passarmos para a técnica que nos ajudará a materializar nossos desejos, faremos outra. Vamos agora a um poderoso exercício que neutralizará as emoções antigas de eventos que não conseguimos superar ainda, que ficam circulando no nosso campo de energia e refletindo sempre para o futuro, perturbando a nossa consciência, fazendo com que repitamos a criação de doenças, escassez financeira, problemas emocionais etc. Ele também potencializará as energias dos eventos positivos, preparando o terreno para a técnica final.

1 – Retire-se para um lugar calmo onde não será interrompido, tendo consigo papel e algo para escrever. 2 – Cronometre o tempo de 4 minutos e comece a escrever acontecimentos negativos do passado, de qualquer época ou idade sua, na ordem espontânea em que vierem à mente. 3 – Tudo que surgir é importante, não discrimine nada, simplesmente escreva, por exemplo, se você magoou alguém, se foi magoado, se chutou o cachorro, ou se foi mordido por um, se sofreu um acidente, se foi assaltado etc. 3 – Ao terminar o tempo de 4 minutos, vire a folha e prepare-se para o próximo passo. 4 – Cronometre agora 3 minutos e comece a escrever tudo de positivo que aconteceu na sua vida, todos os momentos de felicidade, de amor, de sabedoria, de saúde, de prosperidade, de qualquer época ou idade sua, na exata ordem em que vierem à mente. 5 – Terminado o tempo de 3 minutos, o exercício estará concluído, ficando a seu critério parar por aqui ou fazer a próxima técnica na sequência.

Escrever os eventos negativos do passado faz com que dissolvamos as emoções relativas que estão registradas em nós. Deixe simplesmente as memórias virem à sua percepção e escreva. A mente saberá sempre o que está ainda ativo e ressonando no seu presente e para o seu futuro.

Você poderá repetir a queima do negativo quantas vezes quiser e precisar. Observe como até a escrita irá se modificando, com o traçado no papel tornando-se mais leve. Chegará mesmo um momento em que determinadas lembranças não virão mais à tela mental durante a técnica, evidenciando uma completa neutralização das frequências emocionais envolvidas e a consequente interrupção da projeção das suas consequências para o futuro.

Já a segunda parte do exercício, em que escrevemos os eventos positivos do passado, faz com que eles se potencializem e ressonem mais ainda no nosso presente, bem como no nosso futuro. Ao vibrarmos nossas conquistas passadas no aqui e agora, começamos a entrar na vibração necessária para atingir qualquer projeto ainda por manifestar.

Para materializarmos nossos objetivos por meio do uso dos potenciais da mente, precisamos unir pensamento, emoção e ação. Imagem clara, desejo profundo e ação coerente ativam sincronicamente os cérebros neocórtex, límbico (que conecta com o cardíaco) e reptiliano. Isso significa uma verdadeira iluminação do aparato nervoso, de todo o nosso campo luminoso sutil, e a aceleração da nossa potência de realização, pois a maior integração entre essas áreas nos leva à frequência cerebral *gama*. A vibração acelerada e direcionada acaba alinhando rapidamente nosso universo particular com a conquista almejada.

Se falamos em pensamento, emoção e ação, falamos em positivo, negativo e neutro como polaridades, e referimo-nos aos três principais canais do nosso campo sutil, *ida*, *pingala* e *sushumna*, que compõem a *kundaliní*. Ao ser ativada, a *kundaliní* provoca grande integração e expansão da consciência, acelerando as ondas mentais que potencializam a projeção da nossa energia na matéria, e assim atingimos certa conexão entre todos os conceitos apresentados. Como podemos perceber, tudo está conectado a tudo, em todas as dimensões do nosso ser.

Existem milhares de técnicas para atingirmos metas trabalhando com o campo sutil da vida, por meio das imagens mentais projetadas. A seguir, deixo uma sugestão bastante eficiente, que já usei várias vezes.

1 – Tendo consigo papel e caneta, retire-se para um lugar calmo em que não será interrompido durante esta prática. 2 – Cronometre um tempo de duração para a prática que não seja muito longo, como por exemplo 9 minutos, pois facilitará o seu foco. 3 – Inicie a contagem do tempo e escreva no papel o seu desejo, projeto, meta, sonho. 4 – Com o objetivo definido, ao escrever procure visualizar como já realizado, sinta como se já estivesse vivenciando aquilo no momento presente, tudo com o máximo detalhamento possível, e dê uma data-limite e realista para que aquilo se manifeste exatamente como você projetou. 5 – Concluído o tempo, fale em voz alta, escreva também no papel ou simplesmente dê o comando mental igual ou equivalente a esse, conforme o tempo estipulado para a concretização do seu desejo: "ordeno e determino que minha programação se cumpra em todos os milésimos de segundos, segundos, minutos, horas, dias pares e ímpares, semanas, meses e anos, de hoje até (a data limite programada)". 6 – No mesmo dia da programação, antes de dormir, realize alguma ação concreta em relação à sua meta; por exemplo, se você programou conquistar uma casa até determinada data, fale com um corretor de imóveis ou saia para ver propriedades que estão à venda, para pegar contatos nas placas etc.

Procure fazer a programação pela manhã, pois você precisará de tempo disponível para realizar a ação concreta relativa ao seu objetivo ainda no mesmo dia. Se quiser fazer a programação à tarde ou à noite, não há problema, contanto que tenha tempo para fazer a ação concreta que completa a técnica. É um passo fundamental e imprescindível para a manifestação.

É interessante que você possa guardar o papel no qual escreveu a sua programação, para consultá-lo e verificar o que aconteceu após a data estipulada. Até que passe o prazo que você deu a si mesmo, é desnecessário e até desaconselhável repetir a programação, para que não aconteçam conflitos entre as diferentes vibrações geradas para um mesmo objetivo. Se projetamos uma vez o nosso desejo, faz parte da concretização dele a convicção de que já está tudo alinhado desde o momento da primeira e única programação.

É muito importante que pensamentos de dúvida durante a programação sejam neutralizados. Se vierem à mente coisas como "nunca vou conseguir isso", "acho que não vai dar certo" e outras afirmações similares, dê sempre um comando mental contrário por cima. Assim, todos os bloqueios da mente vão sendo neutralizados.

Outra questão a se considerar é que as demais técnicas de trabalho bioenergético, que passei nesta última parte do livro, antecedem a programação aqui ensinada. Recomendo, sobretudo, a ativação do *chakra* frontal, a harmonização dos *chakras* e a centralização das energias no frontal, já que tendem a facilitar a realização das nossas projeções por acelerarem nossas ondas mentais.

Quanto mais acelerada e coordenada a frequência da nossa potência cerebral, menos seremos influenciados por energias externas, e maiores serão os nossos resultados. E o que nos traz esses benefícios é, principalmente, a centralização da soma total das nossas energias no *chakra* frontal.

CONSIDERAÇÕES FINAIS

Este livro me deu muito trabalho, confesso. Foram anos de escrita em que, por muitas vezes, estive nos limites do meu próprio conhecimento, a fim de entregar a você, querido leitor e querida leitora, um conteúdo que fosse de grande valor e que trouxesse novidades em uma temática bastante explorada por autores já consagrados. Sou, antes de tudo, um mensageiro tentando sintetizar, em uma teia coerente, as ideias de grandes gênios e mestres, por vezes aclamados e por vezes esquecidos, que passaram pelo planeta Terra ou que aqui ainda permanecem. No curso da transmissão das descobertas desses gigantes, procurei enriquecer esta obra com alguns relatos pessoais que, acredito eu, cumpriram bem a função de ilustrar conceitos da ciência do campo sutil.

Tenho convicção de que o exame detalhado desta obra não terá resultado em outra coisa, senão a mudança para melhor em algum aspecto da sua vida. Saliento, neste sentido, é claro, o reposicionamento frente ao seu universo particular a partir do que foi apresentado.

O conhecimento da nossa configuração bioenergética pessoal, representada pelos elementos principais que compõe o nosso campo luminoso individual, dialoga naturalmente com a possibilidade de expandirmos nossa consciência e criarmos a nossa realidade em sincronia inteligente com o campo luminoso sutil universal. Esses saberes foram cuidadosamente escondidos da humanidade até pouco tempo atrás, e o número daqueles que desconhecem o próprio poder ainda é infinitamente maior do que o daqueles que já o conhecem.

Dando-lhe boas-vindas à minoria, se é que você já não participava dela, deixo a seguinte sugestão e provocação: que tal ajudar a nos transformar em maioria? Tudo pode mudar num milésimo de segundo para alguém. E o fator fundamental para qualquer mudança possível é, em suma, a informação.

Quando temos a informação que precisamos, ela poderá ser convertida em ciência, conhecimento e sabedoria. Um fragmento da minha contribuição pessoal, nesse sentido, está sendo realizado por meio desta obra. Se você considerar que a leitura foi importante de algum modo para si, que saiu beneficiado depois do contato com as informações sobre o campo sutil que julguei serem vitais transmitir, ajude a propagar estes ensinamentos às pessoas que você ama.

Não podemos e não daremos o grande salto evolutivo sozinhos. Rumo à consciência unitiva e transcendental, o caminho possível é a percepção de que somos todos um.

REFERÊNCIAS

ABBAGNANO, Nicola *et al*. **Dicionário de filosofia**. 5. ed. São Paulo: Martins Fontes, 2007.

ASSOCIAÇÃO AMERICANA DE PSIQUIATRIA. **Manual Diagnóstico e Estatístico de Transtornos Mentais**. Tradução: Maria Inês Corrêa Nascimento. 5. ed. DSM-V. Porto Alegre: Artes Médicas, 2014.

BAKER, Joanne. **50 ideias de Física Quântica que você precisa conhecer**. 1. ed. São Paulo: Planeta, 2015.

BARNARD, Julian. **Os Florais de Bach e os padrões inscritos na água**. Tradução: Juliana Bertolozzi de Oliveira Freitas. São Paulo: Blossom, 2017. 71 p. Título original: Bach Flower Essences & the patterning of water.

CARDEÑA, Etzel; LYNN, Steven Jay; KRIPPNER, Stanley (org.). **As variedades da experiência anômala**: análise das evidências científicas. Tradução: Fátima Regina Machado. São Paulo: Editora Atheneu, 2013.

DE'CARLI, Johnny. **Reiki**: apostilas oficiais. 3. ed. rev. e ampl. São Paulo: Madras, 2011. 528 p.

EMOTO, Masaru. **Los Mensajes Ocultos del Agua**. Alamah, 2008. 189 p.

FASSINI, Mercedes Maria (org.). **Andarilhos do Universo**: Ciência, Filosofia e Ufologia baseada em fatos reais. Porto Alegre: Salles, 2006. 333 p.

GERBER, Richard. **Medicina Vibracional**: uma medicina para o futuro. Tradução de Paulo Cesar de Oliveira. 9. reimpr. da 1. ed. São Paulo: Cultrix, 2007. 463 p. Título original: Vibrational Medicine – New Choices for Healing Ourselves.

GOSWAMI, Amit. **Consciência Quântica**: uma nova visão sobre o amor, a morte e o sentido da vida. Tradução de Marcello Borges. São Paulo: Aleph, 2018. 248 p.

GOSWAMI, Amit. **O Universo Autoconsciente**: como a consciência cria o mundo material. Tradução de Ruy Jungmann. 3. ed. São Paulo: Aleph, 2015.

LASZLO, Ervin; PEAKE, Anthony. **Mente Imortal**: evidências científicas comprovam a continuidade da consciência além do cérebro. Tradução de Mayra Teruya Eichemberg. São Paulo: Cultrix, 2019.

LIPTON, Bruce H. **A biologia da crença**. Butterfly Editora, 2007.

LÜBECK, Walter; HOSAK, Mark. **O grande livro de símbolos do Reiki**: a tradição espiritual dos símbolos e mantras do sistema Usui de cura natural. Tradução de Euclides Luiz Calloni, Cleusa Margô Wosgrau. São Paulo: Pensamento, 2010. 487 p. Título original: Das Grosse Buch der Reiki-Symbole.

MOTOYAMA, Hiroshi [1981]. **Teoria dos Chakras**: Ponte para a Consciência Superior. Tradução de Zuleika T. Weichmann Freschi. 1. ed. reimpr. São Paulo: Pensamento, 2014. 272 p. Título original: Theories of the Chakras: Bridge to Higher Consciousness.

MOURA, Gilda. **O Rio Subterrâneo**: A história de um caminho. 2. ed. Limeira, SP: Editora do Conhecimento, 2010. 221 p.

MOURA, Gilda. **Transformadores de Consciência**: um estudo sobre abduções e contatos. 3. ed. Limeira, SP: Editora do Conhecimento, 2009. 300 p.

OLIVEIRA, Urandir Fernandes de; BATARELLI, Rosana; CANTO, Eliane do; PAVÃO, Ana Eliza. **A Vida em Linhas**: Um novo conceito para definição de objetivos individuais. 2. ed. Jundiaí, SP: Ideia de Papel Ltda, 2009. 168 p.

OLIVEIRA, Urandir Fernandes de. **Extraterrestres – Mensagens e Elucidações**. Porto Alegre: edição do autor, 2000. 120 p.

ORGANIZAÇÃO MUNDIAL DE SAÚDE. **Classificação de Transtornos Mentais e de Comportamento da CID-10 (1992). Descrições clínicas e diretrizes diagnósticas**. Tradução de Dorgival Caetano. Reimpressão de 2011. Porto Alegre: ArtesMédicas, 1993. 351 p. Título original: The ICD-10 Classification of Mental and Behavioural Disorders Clinical descriptions and diagnostic guidelines

TARG, Russell. **Mente sem limites**: como desenvolver a visão remota e aplicá-la na cura a distância e na transformação da consciência. São Paulo: Cultrix, 2010. 224 p. Título original: Limitless mind.